固体废弃物水热法制备高热值燃料技术

贾建东　著

中国原子能出版社

图书在版编目（CIP）数据

固体废弃物水热法制备高热值燃料技术 / 贾建东著
. --北京：中国原子能出版社，2023.11（2024.11重印）
ISBN 978-7-5221-3278-5

Ⅰ. ①固… Ⅱ. ①贾… Ⅲ. ①固体废物–制备–燃料
–研究 Ⅳ. ①X705②TQ038.1

中国国家版本馆 CIP 数据核字（2023）第 255144 号

固体废弃物水热法制备高热值燃料技术

出版发行 中国原子能出版社（北京市海淀区阜成路 43 号 100048）
责任编辑 张 磊
责任印制 赵 明
印 刷 北京厚诚则铭印刷科技有限公司
经 销 全国新华书店
开 本 787 mm×1092 mm 1/16
印 张 8.875
字 数 157千字
版 次 2023 年 11 月第 1 版 2024 年 11 月第 2 次印刷
书 号 ISBN 978-7-5221-3278-5
定 价 **75.00** 元

网址：**http://www.aep.com.cn** E-mail：**atomep123@126.com**
发行电话：**010-68452845**

作者简介

贾建东，男，汉族，1990 年 1 月出生，山西省大同市人。2022 年毕业于华北电力大学能源动力与机械工程学院热能工程专业，工学博士。现就职于中北大学，讲师，目前主要从事固体废弃物资源化利用，综合能源系统优化设计及运行、近零能耗建筑节能技术，太阳能集热器研制及其相关系统设计与优化等研究工作。主持山西省科技厅项目 1 项、中央高校基本科研业务费项目 1 项、横向项目若干，先后在 *Energy Conversion and Management*、*Carbon*、*Energy*、*Applied Thermal Engineering* 等权威学术刊物上发表论文 6 篇，授权发明专利 2 项。

前　　言

全球城市化和世界人口的不断增长使得有机固废的产量日益增加，已经严重威胁到人类的长期发展。水热碳化（HTC）制备固体燃料是解决有机固废处置难题的重要前景技术，对于防治污染、替代化石能源具有突出的环境、经济和社会现实意义。两种有机固废共混水热碳化（Co-HTC）过程中水热降解形成的中间产物通过固液多相交互反应，将深刻改变水热炭和水热废液的理化特性。

在此背景下，作者以“固体废弃物水热法制备高热值燃料技术”为题，从污泥与农林废弃物（以玉米秸秆、松木屑为代表）、木质纤维组分（纤维素与半纤维素）、蛋白质与碳水化合物等三个层面的共混水热碳化出发，探究了多元有机固废共混水热碳化的交互反应机理，并针对污泥与玉米秸秆混合物开展了共混水热碳化耦合闪蒸-有机朗肯循环（FSPG-ORC）工艺的质能平衡研究，旨在为污泥和农林废弃物的反应调控和能量转化工业化利用提供参考。

首先，以污泥为基料，掺入一种代表性农林废弃物（玉米秸秆或松木屑），研究了农林废弃物原料、掺混比例、Co-HTC 温度等对共混水热碳化固/液相产物特性的影响。

其次，鉴于纤维素和半纤维素是农林生物质的主要成分，采用实验与分子模拟计算相结合的方法，研究了纤维素和半纤维素（分别以葡萄糖和木糖为代表）在水热碳化过程中的交互反应，探讨了水热炭的形成机理。

再次，为探究污泥与农林废弃物的交互反应机制，以蛋白质（大豆分离蛋白）和碳水化合物（葡萄糖和木糖）为原料，通过多种分析测试手段，探究了共混水热炭表面官能团特征和水相中有机物成分分布，揭示了蛋白质与碳水化合物之间发生交互反应形成水热炭的机理。

最后，以污泥掺混玉米秸秆为例，研究了不同的污泥与玉米秸秆质量比、HTC 反应温度、停留时间等工艺条件下 HTC-FSPG-ORC 耦联系统的物质和能量平衡规律。

本书选题新颖独到、结构科学合理、数据丰富翔实，对于固体废弃物资源化利用领域的研究工作具有一定的参考价值，可作为相关专业科研学者和工作人员的参考用书。

在本书的写作过程中，作者参考引用了许多国内外学者的相关研究成果，也得到了许多专家和同行的帮助和支持，在此表示诚挚的感谢。由于作者的专业领域和实验环境所限，加之作者的研究水平有限，本书难以做到全面系统，疏漏和错误实所难免，敬请读者批评赐教。

目　　录

第1章 前 沿

随着城市化进程的加快和世界人口的不断增长，有机固废的产生量每年都会显著增加，且人口增长导致有限资源的大量消耗，这严重威胁到人类的长期发展[1,2]。2015 年，城市地区产生了近 13 亿 t 固体废物，预计到 2025 年，固体废物将上升到 22 亿 t[3]。为了应对未来全球日益增长的能源需求，寻找合适的可替代能源迫在眉睫。

有机固废包括污水污泥（SS）、藻类、农林生物质、工业有机废弃物、食物垃圾等，有机固废易腐易臭，且含有较多的病原体、重金属和有机污染物，环境危害性极大，尤其是含水率高（80%以上）的污泥。其中，污泥作为典型的有机固废，它的清洁处置和利用已成为我国推进生态文明建设的一项紧迫任务。现阶段，我国污泥年产量超过 6 000 万 t，但其安全处置仍严重滞后。填埋、还田利用等污泥处置方法在城镇化背景下存在不可持续、二次污染风险高等问题。污泥焚烧是土地资源紧缺、污泥产量集中地区的优选技术路线，得到国家能源局和环境保护部（现生态环境部）联合发布的《关于开展燃煤耦合生物质发电技改试点工作的通知》政策的鼓励。但为了降低对锅炉热效率和设备安全的极大负面影响，高湿污泥焚烧前需经过深度脱水预处理，而常用的热干化方法存在能耗高、臭气重等突出问题。

水热碳化（HTC）是在温度为 180～280 ℃和压力为 2～10 MPa 的热水环境进行的高湿废弃物脱水提质预处理技术，具有脱水能耗低、污染元素脱除显著等优势：经过水热处理的污泥在不添加絮凝剂的情况下，可直接被机械压滤至含水率 35%以下[4]，满足锅炉对燃料含水率的要求；整个脱水过程以非相变形式完成，脱水能耗（水热+机械）仅约为热干化方法的 40%[5]。因此，污泥水热碳化制备固体燃料是解决我国日益严峻的污泥处置难题的重要前景技术，契合生态文明建设国家战略和社会发展的重大需求，对于防治污染、替代化石能源具有突出的环境、经济和社会现实意义。

污泥单独进行水热碳化时，由于受污泥原料所限，且其蛋白质和碳水化合物组分在亚临界水环境中大量水解，导致污泥水热炭产物的发热量较低，为 5～11 MJ/kg（干燥基）[6,7]，远低于常规动力煤燃料的发热量（20～30 MJ/kg)。相比之下，木质纤维类废弃物（秸秆、果蔬垃圾等）在水热碳化时，其纤维素、半纤维素等固相组分发生脱羟、脱羧以及碳链环化、芳构化等反应[8]，形成了具有更高能量密度的富碳分子结构，这个过程类似于生物质在地层中的自然成煤过程。但由于木质纤维类废弃物水热碳化在制备燃料时并无能耗优势，且产品单一，因此很少单独进行。

鉴于木质纤维类废弃物的巨大产量和较低资源化利用率，将其掺入污泥进行共混水热碳化，以废治废，可使水热碳化技术在充分发挥污泥低能耗脱水优势的基础上，进一步凸显其在燃料提质方面的优势。将木质纤维类废弃物掺入污泥后，两者水热降解形成的中间产物通过固液多相交互反应，将深刻改变水热炭和水热废液的理化特性。通过调控两者水相成分的深度聚合反应，不仅可以提高炭产物的产率，还有助于降低污泥水热废液中的生物毒性成分，改善其生化转化性能。

综上所述，为了阐明污泥-木质纤维类废弃物混料的水热碳化规律及产物生成过程，必须首先厘清污泥混料水热碳化过程中多元有机组分之间的固液多相交互反应机理；为了进一步获得能量更高的水热炭，则亟需探索关键反应路径的干预策略及固液产物的协同调控机制。以上即为污泥混料水热碳化发展和应用迫切需要解决的两大核心理论问题。因此，本书从污泥与农林废弃物（以玉米秸秆、松木屑为代表）、木质纤维组分（纤维素与半纤维素）、蛋白质与碳水化合物等三个层面的共混水热碳化出发，探究了多元有机固废共混水热碳化的交互反应机理，并针对污泥与玉米秸秆混合物开展了共混水热碳化耦合闪蒸-有机朗肯循环（FSPG-ORC）工艺的质能平衡研究，旨在为污泥和农林废弃物的反应调控和能量转化工业化利用提供参考。

第 2 章　污泥与农林废弃物共混水热碳化的反应机理研究

2.1　本章引言

Co-HTC 是由两种或多种原料共混进行水热碳化的低成本和环保方法，其已受到世界广泛关注。Co-HTC 的产物特性主要取决于工艺条件和原料种类，其中工艺条件的影响有温度、停留时间、固体间的混合比等。这些工艺条件的改变对 Co-HTC 过程中各组分相互作用有不同程度的影响。由于水解、脱水、脱羧、缩聚和美拉德等化学反应，通过 Co-HTC 对两种或多种原料进行协同处理可以提高燃料性能[9]。

目前，已有报道关于利用两种不同原料进行 Co-HTC，以生产固体燃料的研究，例如，Zhang 等人[10]和 He 等人[11]研究发现污泥与木质纤维素生物质在一定混合比例下对水热炭产率、有机物保留率、碳保留率和热值均出现了协同增强。Zheng 等人[12]对污泥和餐厨垃圾进行了 Co-HTC 处理，结果表明，随着餐厨垃圾的加入，污泥中水热炭的质量密度和能量密度都得到了提高。Saba 等人[13]研究了芒属生物质与烟煤共混水热碳化过程，发现得到的水热炭具有较低的灰分/硫分含量和较高的能量密度。目前，关于共混水热碳化的文献主要关注于两种物质间的共混水热碳化。然而，对于 SS 作为基料而言，掺混不同的有机固废所得产物特性存在显著差异，这可能是由有机固废的组分差异所致。而对于组分差异引起的

交互反应影响并未得到关注。

因此，本章将两种组分差异显著的有机固废（玉米秸秆和松木屑）分别与 SS 共混进行水热碳化，通过改变 SS 与 CS（PS）掺混比、Co-HTC 温度等对固/液相产物质量分布及元素平衡特性进行分析，探明水热炭官能团、碳结构、微观形貌、微区元素构成等理化特性的差异，探索 C、N、O 等元素的化学形态转化过程的异同。

2.2　材料与方法

2.2.1　材料准备

湿污泥原料为取自河北省保定市污水处理厂（WWTP）的机械脱水污泥。该 WWTP 处理废水的流程依次为两阶段沉淀、厌氧-好氧生化降解、反硝化、浓缩和机械脱水。玉米秸秆取自河北省保定市农田，松木屑购买自松木加工厂。污泥、玉米秸秆和松木屑样品首先在电热干燥箱 105 ℃条件下充分干燥，之后用高速粉碎机研磨，经过 60 目分样筛筛分后，获得粒径小于 0.3 mm 的粉末，储存在 4 ℃冰箱中。

2.2.2　水热碳化

水热碳化在高温高压反应器（HT-1000J0，上海霍桐实验仪器有限公司）中进行。反应器内具有搅拌桨和水冷却盘管，衬里由 C276 哈氏合金材料制备。在每次 HTC 实验中，将 SS-CS 混料与去离子水按 1:5 的质量比例混合，然后加载到反应器中，并机械密封。向反应器内填充氮气，使其内部初始压力为 1.2～1.3 MPa，经约 1 h 的检漏后，以约 3 ℃/min 的加热速率加热 HTC 反应器，使其内部温度达到设定值，包括 190 ℃、220 ℃、250 ℃和 280 ℃。达到设定温度后，开始计时，停留时间包括 1 h、

2 h、4 h 和 8 h。SS 与 CS 掺混比包括 4:1、2:1 和 1:1。反应结束后，将自来水通入水冷却盘管，使反应器迅速冷却至室温。

利用真空过滤装置（滤膜孔径 0.45 μm）实现 HTC 浆料产物的固液分离。利用去离子水，将过滤器上的固体清洗 2 次，之后在 105 ℃环境中干燥 24 h。根据 SS 与 CS 质量比、HTC 温度和停留时间来区分各工况，标注为反应温度-停留时间（SS:CS），如 220-2（2:1），表示 SS 与 CS 的质量比为 2:1，HTC 反应温度为 220 ℃，停留时间为 2 h。

2.2.3 计算方法

水热炭产率根据公式（2-1）计算。

$$\mathrm{HY}\ (\%) = \frac{m_{hy}}{m_{rm}} \times 100\% \tag{2-1}$$

式中：m_{hy}——水热炭的干质质量（kg）；

m_{rm}——混合原料的干质质量（kg）。

混料组分在共混水热碳化过程中的协同或拮抗作用采用相互作用系数（IC，%）来评估。IC 为正，表示 SS 和 CS 在水热碳化过程中表现出协同促进作用，为负则表示拮抗作用。IC 根据公式（2-2）计算。

$$\mathrm{IC} = \frac{\mathrm{EV} - \mathrm{CV}}{\mathrm{CV}} \times 100\% \tag{2-2}$$

式中：EV——混合原料共混水热碳化的实验值；

CV——两种组分单独水热碳化的实验值按两者质量比例的线性计算值。

2.2.4 分析方法

1. 工业分析、元素分析和热值测定

固定碳、挥发分和灰分含量根据国家标准《煤的工业分析方法》

（GB/T 212—2008）测定，其中，固定碳的含量（FC,%）由%FC＝%100－%VM－%Ash 计算获得。碳、氢、氮、硫元素的质量百分比（C、H、N、S）根据国家标准《煤的元素分析》（GB/T 31391—2015），使用德国艾力蒙塔公司的 Vario Micro cube 型元素分析仪测定，氧元素的含量通过%O＝%100－%Ash－%C－%H－%N－%S 计算得到。高位发热量通过鹤壁华泰仪器仪表有限公司的 ZDHW-5G 型全自动量热仪测得。

2. 傅里叶红外光谱（FT-IR）

将待测样品和溴化钾（KBr）充分研磨混合后，在压片机上压制成薄片，采用德国布鲁克公司的 VERTEX 70 型傅里叶红外光谱仪分析样品的化学结构和官能团，扫描范围为 400～4 000 cm^{-1}。

3. X 射线光电子能谱（XPS）

采用美国赛默飞世尔公司的 ESCALAB250Xi 型 X 射线光电子能谱分析污泥、秸秆和水热炭表面含氮官能团的化学赋存形态分布，对于得到的数据采用 C1（284.8 eV）进行校正，利用 XPS PEAK 软件进行分峰处理。

4. 表面微观形貌

采用美国 EFI 公司的 Quanta 250 FEG 型扫描电子显微镜观察样品表面形貌变化。

5. 水相组分分析方法

通过二氯甲烷（DCM）萃取液相产物中的有机物质。将萃取得到的有机相充分混合，加入 10 g 无水硫酸钠干燥，最后使用旋转蒸发仪浓缩至 1 mL 待测。通过气相色谱-质谱联用仪（GC-MS QP2010 Ultra，日本岛津）分析有机物的种类和相对含量，使用气相色谱柱（Agilent J&W DB-5MS，30 m×0.25 mm×0.25 μm），进样口温度为 250 ℃，分流比为 10:1，载气为高纯氦气，流速为 1 mL/min，操作条件如下：40 ℃保持 2 min，以 6 ℃/min 速度升至 300 ℃并保持 5 min。

2.3 共混水热碳化规律及产物特性

2.3.1 水热炭产率

图 2-1 显示了污泥、玉米秸秆、松木屑在不同掺混比例和 HTC 温度下的水热炭产率。

图 2-1（a）显示，随着 SS:CS 的比例从 4:1 变为 1:1，水热炭产率从 69.85%降低至 63.79%；随着 SS:PS 的比例从 4:1 变为 1:1，水热炭产率从 72.99%增加至 73.10%。SS 与 PS（CS）共混后所得水热炭产率的实验值均高于计算值，通过计算水热炭产率的相互作用系数，发现随着 SS:CS 和 SS:PS 质量比从 4:1 变为 1:1，它们在水热炭产率方面的相互作用系数分别从 1.82%、0.54%变为 1.73%、1.78%。这表明掺混生物质在产率方面存在协同作用。该现象主要归因于两方面：一方面，生物质骨架提供了更多的固液反应可能；另一方面，水相中的水解产物碳水化合物和氨基酸之间发生美拉德反应，形成更多的二次炭沉积在共混水热炭中，增加了水热炭产率[14]。此外，在 SS 与 CS（PS）掺混比例较低的情况下，SS 掺混 CS 的协同作用更强，这得益于 CS 中容易水解的纤维素和半纤维素较多，水解得到的碳水化合物更多（葡萄糖和木糖），反应物的增加促进了美拉德反应的进行，使更多有机成分通过聚合和缩聚等反应形成焦炭微球，最终沉积在水热炭表面。

图 2-1（b）显示，随着 HTC 温度从 190 ℃增加至 280 ℃，SS 掺混 CS 的水热炭产率从 70.43%降低至 49.44%，而 SS 掺混 PS 的水热炭产率从 86.73%降低至 54.99%。SS 掺混 PS 的水热炭产率均比相同温度下掺混 CS 的水热炭产率高，这是因为 PS 的木质素组分高于 CS，在温度低于 250 ℃时，仅有纤维素和半纤维素发生水解反应，因此 SS 与 PS 共混的

水热炭产率高于 SS 与 CS 共混的水热炭产率；而在温度高于 250 ℃时，可溶性木质素组分开始分解，不溶性木质素组分稳定性较高且分解难度

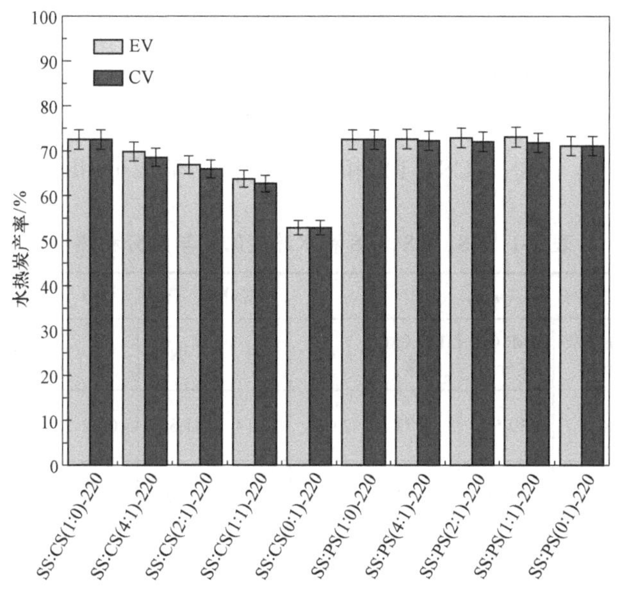

(a) SS 与 CS（PS）的掺混比例对水热炭产率的影响

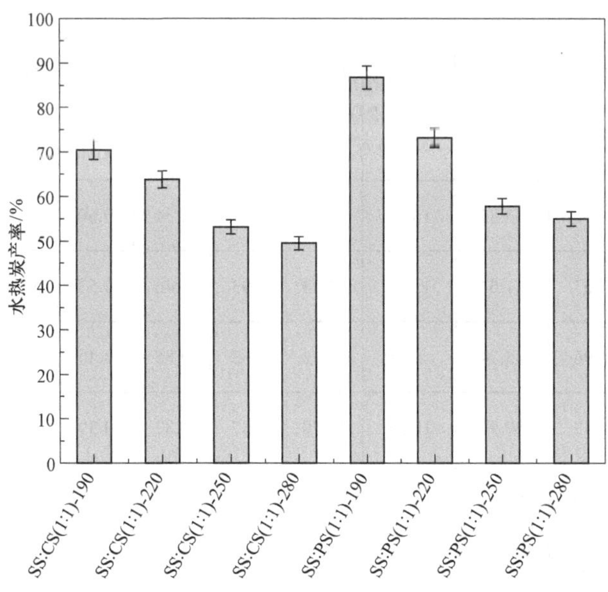

(b) Co-HTC 温度对水热炭产率的影响

图 2-1　SS 与 CS（PS）的掺混比例、Co-HTC 温度对水热炭产率的影响

大，导致溶解在水中的木质素分解成分有限，更多的木质素被保留，这为固液反应提供了更多反应位点，使水相中更多的有机成分通过脱水反应、美拉德反应，甚至化学吸附反应等重新进入到水热炭中。

2.3.2 水热炭的化学成分和热值

表 2-1 给出了 SS、CS、PS 和水热炭的化学成分和热值。

表 2-1 SS、CS、PS 和水热炭的化学成分和热值

样品	工业分析/（wt%，db[a]）			元素分析/（wt%，db）					高位发热量/（MJ/kg，db）
	Ash（灰分）	VM（挥发分）	FC（固定碳）	C	H	N	S	O[b]	
SS:CS（1:0）－220	58.78	39.50	1.72	23.63	3.14	1.59	0.92	11.93	9.34
SS:CS（4:1）－220	49.51	44.16	6.33	28.49	3.41	1.8	0.74	16.05	11.91
SS:CS（2:1）－220	42.72	47.29	9.99	33.24	3.84	1.94	0.67	17.59	13.86
SS:CS（1:1）－220	34.25	52.18	13.57	39.07	4.27	2.05	0.57	19.78	16.01
SS:CS（0:1）－220	2.79	65.11	32.10	56.21	5.64	1.75	0.15	33.47	22.27
SS:CS（1:1）－190	30.65	56.60	12.75	37.65	4.44	1.98	0.52	24.76	15.18
SS:CS（1:1）－250	40.65	43.85	15.50	41.01	4.07	2.51	0.60	11.16	16.68
SS:CS（1:1）－280	42.57	41.64	15.79	40.73	3.93	2.46	0.53	9.78	16.86
SS:PS（4:1）－220	46.96	45.74	7.30	32.12	2.63	0.85	0.40	17.04	12.04
SS:PS（2:1）－220	41.43	47.99	10.58	36.70	2.87	0.87	0.39	17.74	14.12
SS:PS（1:1）－220	32.56	53.37	14.07	44.56	3.48	0.76	0.25	18.39	16.58
SS:PS（0:1）－220	1.71	78.98	19.31	59.33	5.36	0.01	0.01	34.58	22.73
SS:PS（1:1）－190	28.46	57.97	13.57	42.89	3.71	0.64	0.23	23.07	15.81

续表

样品	工业分析/（wt%，db[a]）			元素分析/（wt%，db）					高位发热量/（MJ/kg，db）
	Ash（灰分）	VM（挥发分）	FC（固定碳）	C	H	N	S	O[b]	
SS:PS（1:1）－250	39.53	42.76	17.71	47.11	3.26	1.06	0.35	8.69	17.58
SS:PS（1:1）－280	42.46	39.92	17.62	45.50	2.86	1.09	0.30	7.79	17.93
SS	43.46	53.79	2.75	26.75	3.87	3.40	0.94	21.58	10.52
CS	3.30	77.41	79.29	43.02	5.79	1.37	0.16	46.36	16.80
PS	1.08	83.07	15.85	49.16	6.17	0.06	0.05	44.56	18.69

a：db 表示干基。

b：0%＝100%－Ash%－C%－H%－N%－S%。

SS 与 PSC（CS）掺混比例和 HTC 温度对水热炭的各元素含量均有影响。CS 和 PS 的 C 含量显著高于 SS 的 C 含量，其中 PS 的 C 含量最高，可达 49.16%。经过水热碳化后，SS 的碳含量降低，而 CS 与 PS 水热炭的 C 含量分别增加至 56.21%和 59.33%。SS:CS 的比例从 4:1 变至 1:1 时，水热炭的 C 含量从 28.49%提高至 39.07%；而 SS:PS 的比例从 4:1 变至 1:1 时，水热炭的 C 含量从 32.12%提高至 44.56%。这表明 SS 与 PS（CS）共混的掺混比例对水热炭中 C 的百分比含量影响较大，这主要是因为两方面原因：一方面是 PS（CS）存在丰富的木质纤维素组分和较低的灰分含量，随着 PS（CS）混合比的增加，原料中的 C 含量增加显著；另一方面是 PS（CS）降解形成的中间产物，如呋喃化合物、糠醛等，会发生聚合反应，形成富含芳香结构的二次炭，其碳含量可达约 70%[15]，沉积在水热炭表面，增加了水热炭整体的 C 含量[16]。反应温度增加，SS 掺混 PS（CS）得到的水热炭的 C 含量均先增加后减少。这种现象可能与木质素水解有关，当反应温度达到 250 ℃时，可溶性木质素开始水解，该反应温度下共混水热炭的 C 含量达到最高，为 47.11%（41.01%），而随着反应温度继续增加，木质素水解会造成 C 严重流失，表现为共混水热炭的 C 含量开始降低。

污泥干质中 N 含量为 3.40%，经过 220 ℃-2 h 水热处理后，污泥中蛋白质组分发生水解形成氨基酸，进一步发生脱氨基反应、环化反应等后转化为 NH_4^+、吡嗪、吡咯、哌嗪等水溶性含氮组分，最终污泥水热炭的 N 含量降低至 1.59%。污泥与 PS（CS）共混水热碳化增加了水热炭的 N 含量，且污泥掺混 CS 得到的水热炭的 N 含量增加更明显。这一方面是因为 CS 的 N 含量（1.37%）高于 PS 的 N 含量（0.06%），另一方面是因为 CS 的纤维素和半纤维素含量显著高于 PS，水解得到的碳水化合物（葡萄糖和木糖等）更多，使得水相中的水溶性含氮分子更容易发生美拉德反应，固定在水热炭表面，增加了水热炭的氮含量。

表 2-1 还给出了 SS、CS、PS 和水热炭的干基高位发热量。SS、CS 和 PS 原料干质的高位发热量分别为 10.52 MJ/kg、16.8 MJ/kg 和 18.69 MJ/kg，经水热碳化后，其炭产物的高位发热量分别为 9.34 MJ/kg、22.27 MJ/kg 和 22.73 MJ/kg。污泥掺混 CS 和 PS 比例增加时，水热炭热值也逐渐增加，当混合比例达到 1:1 时，高位发热量分别为 16.01 MJ/kg 和 16.58 MJ/kg，达到了 He 等人[17]报道的褐煤的高位发热量（16.3 MJ/kg）。通过计算热值相互作用系数，发现随着 SS:CS 和 SS:PS 质量比从 4:1 变为 1:1，它们在高位发热量方面的相互作用系数分别从 –0.13%和 0.18%变为 1.30%和 3.40%。此外，HTC 温度对 SS 掺混 PS 的水热炭高位发热量的影响高于掺混 CS 的水热炭，这是因为 PS 木质素组分含量较高，当反应温度增加至 250 ℃时，可溶性木质素开始发生脱水和脱羧反应，并参与到水相中有机成分的聚合反应中，为聚合过程提供了更多的活性位点，增加了二次炭的芳构化程度，随着高芳香性的二次炭沉积在水热炭表面，最终导致 SS 掺混 PS 的高位发热量增加。由此可见，Co-HTC 得到的水热炭具有较高的高位发热量和燃料等级。

2.3.3　SS 和 PS（CS）共混水热碳化的碳化途径

图 2-2 给出了 SS、CS、PS 和水热炭工业分析的三元图。

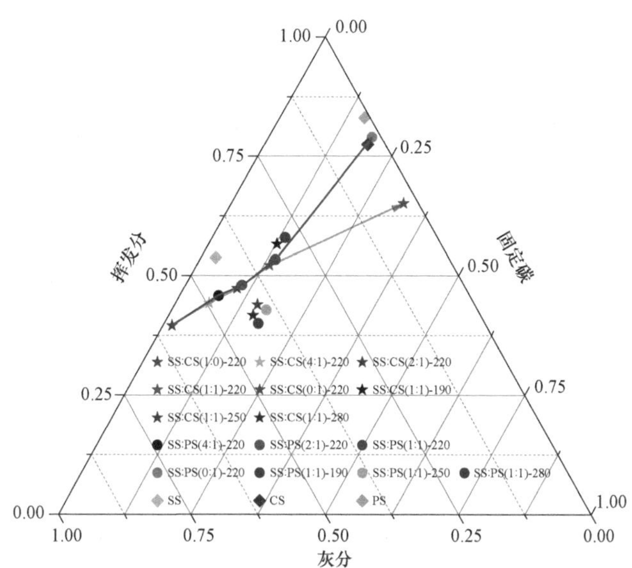

图 2-2　SS、CS、PS 和水热炭工业分析的三元图

灰分在 HTC 过程中大部分是不活泼的[1]，SS、CS 和 PS 经过 HTC 处理后灰分增加[10]。SS 与 PS（CS）掺混比例增加时，共混水热炭的挥发分和固定碳含量增加，灰分含量降低。HTC 温度增加，水热炭的灰分和固定碳含量增加，同时降低了挥发分含量。当 HTC 温度从 190 ℃增加至 280 ℃时，掺混 CS 后挥发分含量从 56.60%降低至 41.64%，掺混 PS 后挥发分含量从 57.97%降低至 39.92%。挥发分的降低主要是由于水热反应导致纤维素、半纤维和蛋白的分解，分解得到的可溶性有机物如糠醛、5-HMF、吡啶、吡咯等进一步聚合形成具有高芳香性的二次炭，二次炭沉积在水热炭表面，最终导致水热炭的挥发分降低。反应温度越高，共混水热碳化的脱水、脱羧反应越剧烈，水热炭芳构化程度越高，最后导致水热炭挥发分含量降低。

为了更好地对比 SS 与 CS 共混水热炭和 SS 与 PS 共混水热炭的碳化程度，根据元素分析结果，计算得到了原料和水热炭样品的 O/C 原子比和 H/C 原子比，并绘制了 Van Krevelen 图，如图 2-3 所示。由图 2-3 可知，随着 CS 掺混比例的增加，H/C 原子比降低显著；而随着 PS 掺混比例的增加，H/C 原子比降低并不显著，表明 CS 的掺混加剧脱羧反应的发生。相比于掺混 CS，掺混 PS 得到的水热炭的 O/C 原子比降低更显著，表明 PS 的掺混使脱水反应更容易发生。

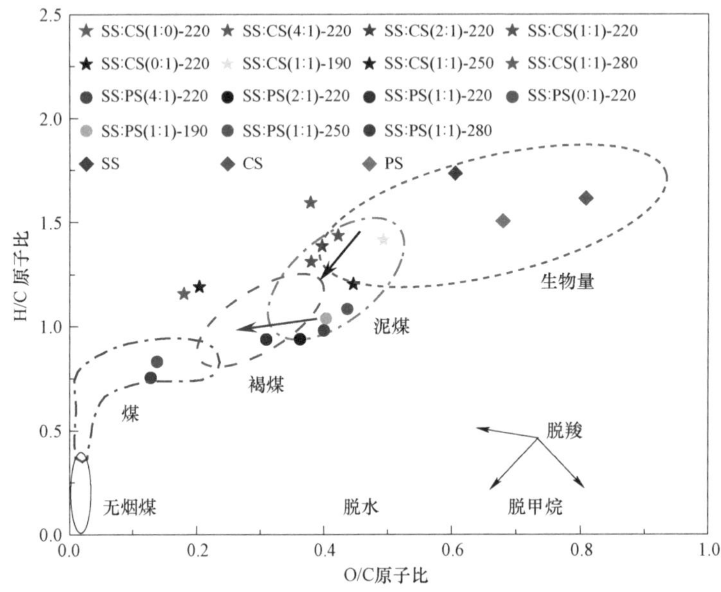

图 2-3 SS、CS、PS 和水热炭在 Van Krevelen 图中的 H/C 和 O/C 原子比

水热碳化温度升高后，SS 掺混 CS（PS）所得水热炭的 H/C 和 O/C 原子比降低，表明共混 HTC 反应过程中的脱水和脱羧反应增强[12]。当水热温度高于 250 ℃时，SS 掺混 CS（PS）所得水热炭的 H/C 和 O/C 原子比发生显著变化，其 H/C 和 O/C 原子比达到比褐煤品质更高的燃料等级。这一变化主要是因为水热温度高于 250 ℃后，可溶性木质素组分开始发生分解反应，所得分解产物与水相中其他聚合中间体重新聚合，形成芳

香性更高的二次炭，重新沉积在水热炭表面，同时水热炭基体发生脱水和酮-烯醇互变异构反应，进一步提升了水热炭的芳构化程度，最终导致更低的 H/C 和 O/C 原子比。而掺混 PS 所得水热炭的 H/C 和 O/C 原子比均低于掺混 CS 所得水热炭的 H/C 和 O/C 原子比，表现出更好的燃料品质。共混水热碳化得到的水热炭具有较低 O/C 原子比、良好的疏水性，这有利于储存和运输[19]，并且还具有更高的热值。因此，通过共混水热碳化技术获得的水热炭有望替代传统的煤炭燃料，具有潜在的应用前景。

2.3.4　含 C 和含 N 官能团的分布

利用 XPS 表征水热炭颗粒表面碳元素的化学键结构，可以揭示水热炭分子结构的演化规律[20]。将 XPS 谱图分解为 4 个峰，峰位置位于（284.6 eV±0.2）eV、（286.3 eV±0.3）eV、（287.7 eV±0.2）eV 和（288.6 eV±0.2）eV，分别代表脂肪族/芳香族（—C—(C,H)/C═C），酚、醇或醚基（—C—O），羰基（—C═O），以及羧基、酯或内酯（—COOR）。根据峰面积，获得 SS、CS、PS 和水热炭颗粒表面含碳官能团的相对含量分布，结果如图 2-4 所示。

由图 2-4(a)可知，原料和其水热炭的含碳官能团以—C—(C,H)/C═C 和—C—O 为主。SS、CS 和 PS 水热炭表面—C—(C,H)/C═C 的相对含量分别为 59.70%、62.76%和 68.69%，表明经过水热反应后得到的水热炭的芳香性增加。CS 和 PS 水热炭表面—C—(C,H)/C═C 的相对含量高于 SS 水热炭，这主要是因为 SS 中含有较高含量的灰分，且其 C 含量显著低于 CS 和 PS，在水热反应过程中形成的二次炭较少，导致其水热炭的芳香性低于 CS 和 PS 水热炭。当 SS 掺混 PS（CS）后，水热炭表面的芳香性得到较大幅度的提升，这是因为 SS 中的蛋白质水解产物与 PS（CS）中的纤维素和半纤维素水解产物发生了美拉德反应，增加了二次炭的生成量。农林生物质掺混越多，水热炭的芳构化程度越高。掺混农林生物

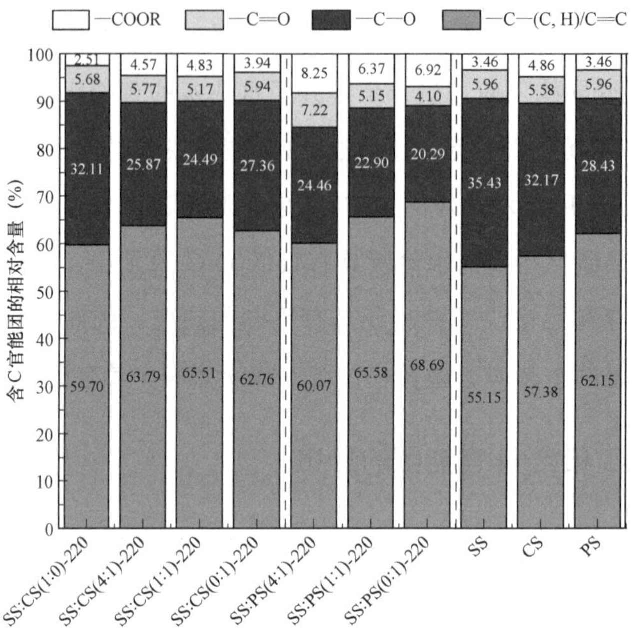

(a) 掺混比对 SS、CS、PS 以及水热炭表面含 C 官能团的相对含量分布的影响

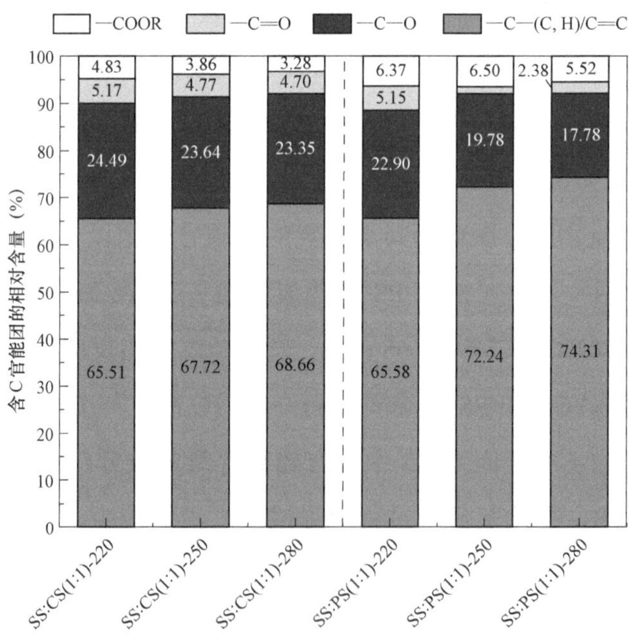

(b) 温度对SS、CS、PS以及水热炭表面含C官能团的相对含量分布的影响

图 2-4　掺混比和温度对 SS、CS、PS 以及水热炭表面含 C 官能团的相对含量分布的影响

质在水热炭表面芳构化程度上均表现出协同作用，而掺混玉米秸秆表现的协同作用更强，这可能是因为玉米秸秆含有较多的纤维素和半纤维素，可以与污泥水解产生的吡咯-N、吡啶-N 等水溶性分子发生反应，聚合形成更多的二次炭并固定在水热炭表面，从而增加了水热炭表面的芳构化程度。

由图 2-4（b）可知，水热碳化温度的增加促进了共混水热炭表面的聚合和缩合反应，同时提升了二次炭的芳香性。当反应温度增加至 250 ℃时，木质素开始水解，更多的酚类和苯类物质产生，这些物质作为反应物参与到二次炭的形成过程中，提升了二次炭的芳香性，而二次炭沉积在水热炭表面，最终使得水热炭的芳构化程度增加。显然，掺混 PS 得到的水热炭表面的芳构化程度略高于掺混 CS 得到的水热炭，这一方面是因为 PS 本身具有较高的芳构化程度；另一方面得益于 PS 木质素组分含量较高，更多的木质素骨架结构提供了更多的固液反应可能性，使水相中芳香性程度高的有机成分（如糠醛、5-HMF 和酚类等）可以通过脱水、脱羧和化学吸附等过程再次固定在水热炭表面，进一步增加了水热炭芳构化结构。

对酚、醇或醚基（ C—O）而言，相比于 PS，图 2-4（a）显示出 SS 和 CS 的—C—O 含量更高，经过水热碳化后，得到的水热炭的—C—O 含量均显著降低，这主要是因为脱水和脱羧反应的发生。污泥掺混 CS 促进了脱水和脱羧反应，从而降低了水热炭的—C—O 含量，这主要是因为美拉德反应促进了蛋白质水解产物中酚、醇基的反应，发生脱水和脱羧的过程，使得含氧官能团减少。然而，相比于掺混 CS，掺混 PS 对脱水和脱羧反应的促进作用不显著，这主要是因为参与美拉德反应的纤维素和半纤维素水解产物较少，与 SS 的水解反应产物的交互作用不显著。根据图 2-4（b）所示，增加反应温度可提高羟基和羧基的反应活性，促进了 SS 与 PS（CS）共混水热碳化过程中的脱水和脱羧反应，最终降低水热炭表面的—C—O 含量。

利用 XPS 来表征水热炭颗粒表面的氮元素的化学键结构，可以将其分解为 5 个峰，峰位置位于（402.9 eV±0.2）eV、（401.4 eV±0.2）eV、（400.2 eV±0.2）eV、（399.8 eV±0.1）eV 和（398.8 eV±0.2）eV，分别对应无机氮、季氮、吡咯氮、氨基氮和吡啶氮的官能团。通过各峰的面积确定相应官能团的相对含量，如图 2-5 所示。

图 2-5（a）显示出 SS、CS 和 PS 等原料中氨基-N 和无机-N 为主要物质。经过水热碳化后，原料中的氨基-N 发生脱氨基、脱水等反应，并通过环化和芳构化向杂环-N 转化，如吡咯-N、吡啶-N 和季-N 等。此外，季-N 还可以通过吡啶-N 和吡咯-N 在较高的温度反应条件下转化得到[21]。这些杂环-N 通过固液反应进入水热炭中，还可以通过聚合反应形成二次炭并进入到水热炭中，最终使水热炭中开始出现吡咯-N、吡啶-N 和季-N。当污泥与 CS 共混水热反应时，将 SS:CS 从 4:1 变为 1:1，发现氨基-N 从 36.66%降至 28.35%，吡咯-N 从 36.14%增加至 39.50%。共混水热炭中氨基-N 的减少得益于水相中酸性环境促进了蛋白质水解，更多的氨基-N 进入水相中。此外，水相中的含氮有机物通过聚合反应或美拉德反应形成新的含氮聚合中间体，如吡咯-N、吡啶-N 等，这些含氮聚合中间体与纤维素和半纤维素的水解产物（糠醛、5-HMF、酚类等）发生聚合反应形成二次炭，并沉积在水热炭表面，最终增加了水热炭中吡咯-N 和吡啶-N 的含量。相比于 SS 掺混 CS，将 SS:PS 从 4:1 变为 1:1，发现氨基-N 从 43.06%降至 36.51%，吡咯-N 从 30.24%增加至 32.23%，表明掺混 PS 对氨基-N 的降解作用不显著。原因有如下两方面：一方面，SS 掺混 PS 的水相中酸性值低于掺混 CS 的水相中酸性值，减少了对原料中氨基-N 的降解能力；另一方面，PS 水解的有机成分较少，水相中通过美拉德反应和聚合反应产生的吡咯-N 和吡啶-N 减少，导致其形成二次炭较少，最终使得 SS 掺混 PS 的水热炭氨基-N 占比高于 SS 掺混 CS 的水热炭。

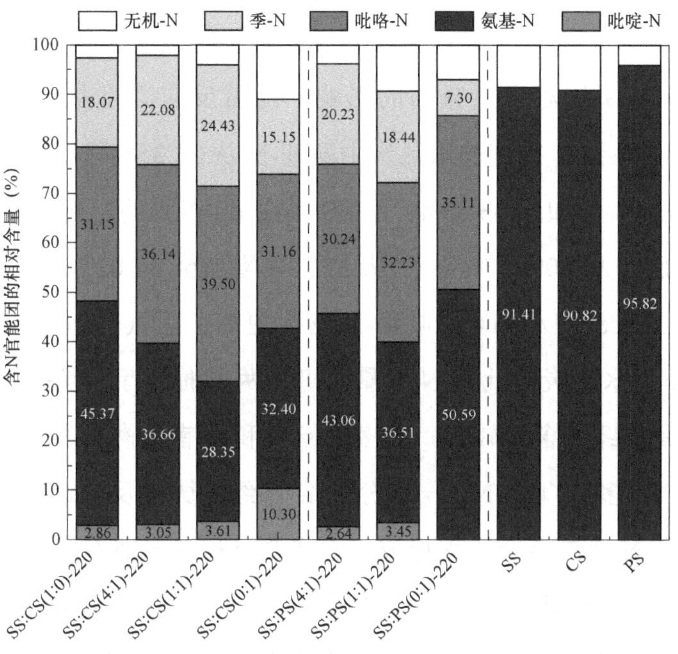

(a) 掺混比对 SS、CS、PS 以及水热炭表面含 N 官能团的相对含量分布的影响

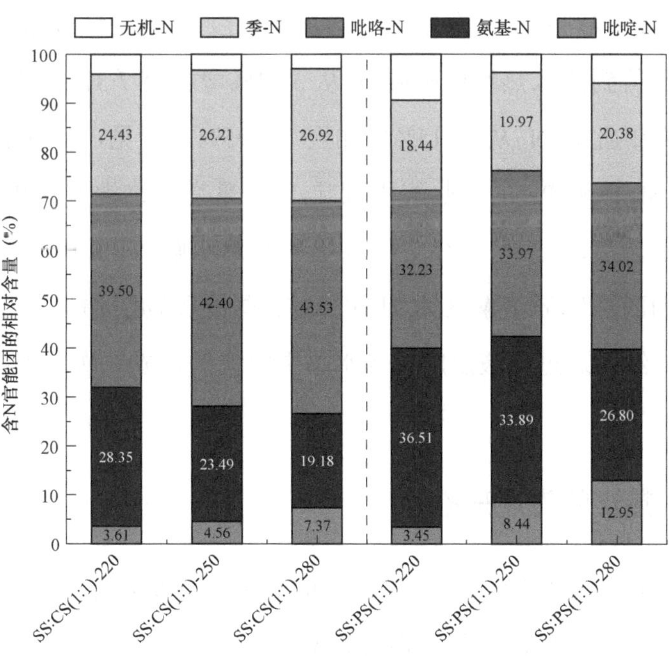

(b) 温度对 SS、CS、PS 以及水热炭表面含 N 官能团的相对含量分布的影响

图 2-5　掺混比和温度对 SS、CS、PS 以及水热炭表面含 N 官能团的相对含量分布的影响

图 2-5（b）显示了 HTC 温度对 SS 掺混 CS 和 SS 掺混 PS 的水热炭的含 N 官能团相对含量分布的影响。随着反应温度从 220 ℃增加至 280 ℃，SS 掺混 CS 得到的水热炭中氨基-N 从 28.35%降低至 19.18%，吡咯-N 从 39.50%增加至 43.53%，而 SS 掺混 PS 得到的水热炭中吡啶-N 从 36.51%增加至 26.80%，吡咯-N 从 32.23%增加至 34.02%。相比于 SS 掺混 PS，掺混 CS 的水热炭的吡咯-N 含量更高，而氨基-N 含量更低。SS 掺混 CS 所得水热炭的吡咯-N 含量高可从两方面进行解释：一方面，CS 的纤维素和半纤维含量较多，更多的糖类和呋喃类物质参与到美拉德反应中，形成更多的吡咯-N，一部分吡咯-N 经由固液反应进入水热炭中，一部分吡咯-N 通过聚合过程形成二次炭并沉积在水热炭表面；另一方面，SS 掺混 CS 后，氨基-N 的含量降低显著，比相同条件下 SS 掺混 PS 的水热炭的氨基-N 含量低，这进一步提升了其他杂环-N 的含量，最终使掺混 CS 的水热炭中吡咯-N 含量增加。当反应温度从 220 ℃增加至 280 ℃，SS 掺混 CS 得到的水热炭中吡啶-N 从 3.61%增加至 7.37%，而掺混 PS 得到的水热炭中吡啶-N 从 3.45%增加至 12.95%。可见，反应温度增加至 250 ℃时，SS 掺混 PS 的水热炭中吡啶-N 含量高于掺混 CS 的水热炭，这是因为反应温度增加至 250 ℃，木质素开始水解，PS 的木质素含量较高，更多的酚类物质溶解在水相中，而这些酚类物质通过美拉德反应生成吡啶-N，继而通过固液反应进入水热炭中或聚合成二次炭沉积在水热炭表面。

2.3.5　水热炭的微观形态

利用扫描电子显微镜在同等放大倍数下对原料和水热炭表面微观形貌变化进行对比分析，结果如图 2-6 所示。

玉米秸秆呈现较为致密的纤维状结构，而 PS 呈现出更为致密且片层状结构，相比之下，污泥表面不平整，并且沉积较多颗粒状结构的物质。

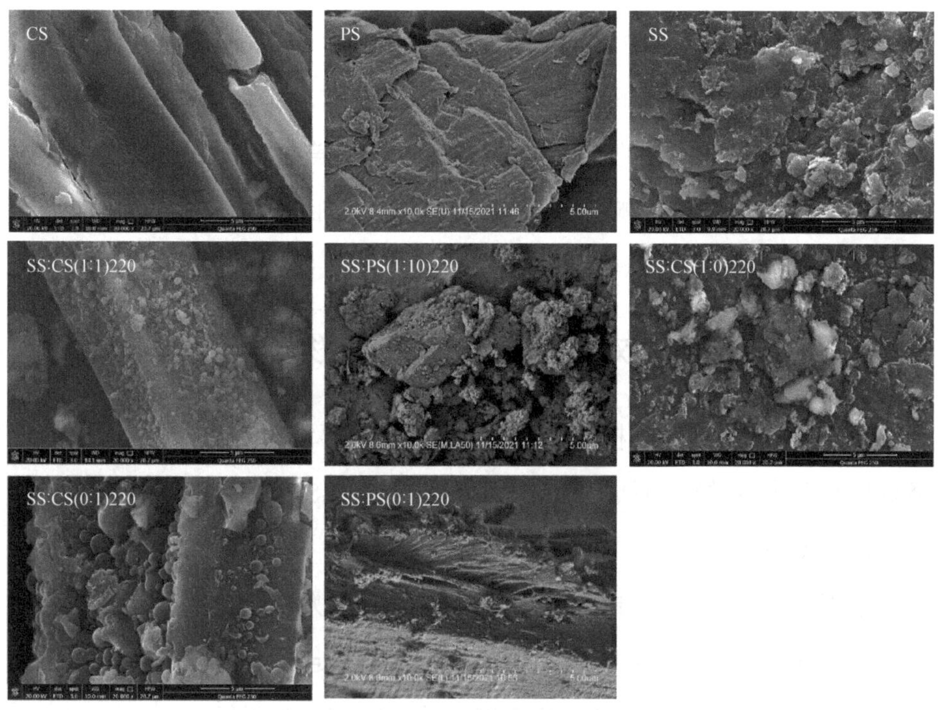

图 2-6　原料与水热炭的微观形貌

当玉米秸秆水热碳化时，水相中的有机成分经过聚合和缩聚形成焦炭微球并沉积在水热炭表面。然而，当 PS 水热碳化时，水相中的有机成分经过聚合和缩聚形成的二次炭为不规则形状的颗粒，并最终沉积在水热炭表面。导致 CS 与 PS 的二次炭差异的原因可能与两者纤维素和半纤维素含量差异较大有关。此外，SS 水热碳化得到的水热炭表面出现蓬松的絮状体，该物质可能是水相中的含氮有机物聚合形成的絮状聚合物，沉积在水热炭表面形成的。

SS 与 CS 共混水热碳化得到的水热炭表面依然存在焦炭微球和絮状体，表明共混水相中也发生了聚合中间体（糠醛、5-HMF、酚类和呋喃类等）的聚合、缩合反应，继而形成焦炭微球并沉积在水热炭中。此外，相比于 CS 水热炭的焦炭微球平均直径，共混水热炭表面焦炭微球的平均直径偏小。这主要是因为美拉德反应导致聚合中间体的减少，影响了其形成焦炭微球并逐渐长大的过程。然而，SS 与 PS 共混水热碳化得到的水热炭表面沉积着较多形状不规则的大颗粒，并未出现蓬松的絮体结构，PS 基体的纤维状结构也发生了明显改变，表明美拉德反应不仅对二次炭的形成产生了显著的影响，同时对水热炭和水相之间的非均相反应也产生了显著影响。

2.3.6 共混水热碳化对水热炭燃烧行为的影响

通过 TG 和 DTG 分析研究固体废弃物的热降解行为，有利于识别可降解区域和相应的降解成分。图 2-7 所示为 SS、PS、CS 和水热炭的 TG 和 DTG 曲线。

根据 TG 和 DTG 确定了着火温度（T_i）、最大燃烧速率温度（T_m）和燃尽温度（T_b），其中着火温度由切线交叉法确定[22]，燃尽温度取样品失重速率降低到 1%/min 所对应的温度[23,24]，如表 2-2 所示。

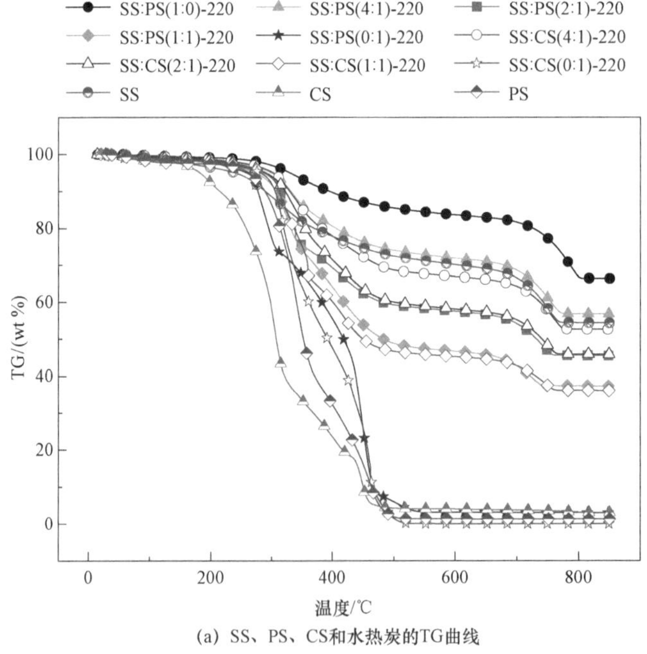

(a) SS、PS、CS和水热炭的TG曲线

图 2-7 SS、PS、CS 和水热炭的 TG 和 DTG 曲线

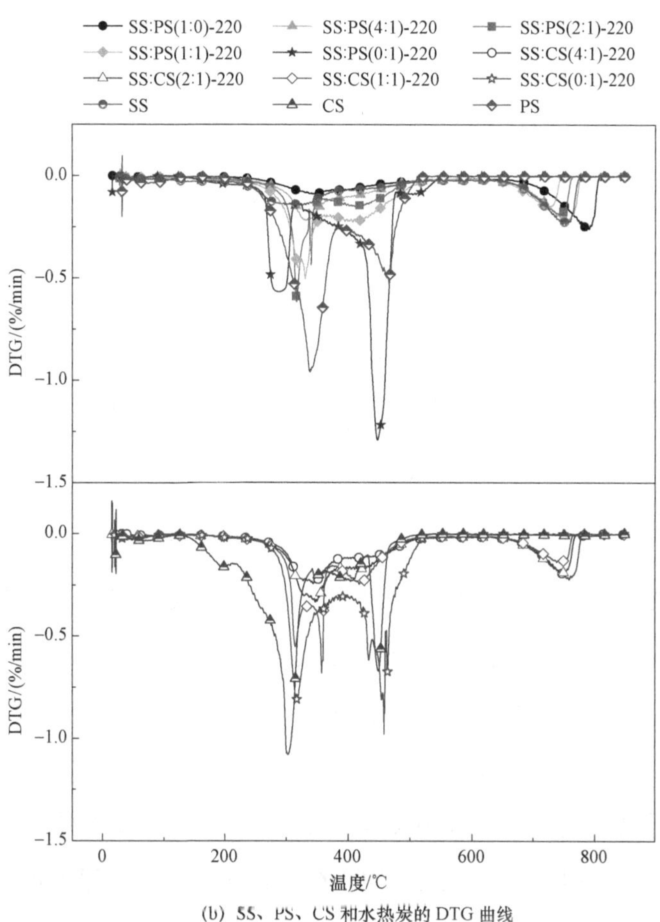

(b) SS、PS、CS 和水热炭的 DTG 曲线

图 2-7　SS、PS、CS 和水热炭的 TG 和 DTG 曲线（续）

表 2-2　原料及水热炭的剩余残渣含量和特征温度

样品	剩余残渣质量含量/%	特征温度/℃		
		T_i	T_m	T_b
SS:CS（1:0）−220	66.2	266.5	348.2	810.5
SS:CS（4:1）−220	56.7	296.1	331.7	779.4
SS:CS（2:1）−220	45.5	299.2	316.2	768.1
SS:CS（1:1）−220	37.3	299.5	329.9	755.2
SS:CS（0:1）−220	3.0	259.3	287.2	545.6
SS:PS（4:1）−220	52.6	292.1	336.4	784.9

续表

样品	剩余残渣质量含量/%	特征温度/℃		
		T_i	T_m	T_b
SS:PS（2:1）–220	45.8	298.6	349.9	771.5
SS:PS（1:1）–220	36.0	322.5	358.2	768.3
SS:PS（0:1）–220	0.1	306.3	318.1	533.8
SS	54.3	245.6	289.3	781.3
CS	3.0	253.8	302.0	507.2
PS	1.3	303.5	326.5	514.1

相比于 CS 和 PS，高灰分的污泥着火温度略低，为 245.6 ℃。燃料的氧含量及挥发分含量变化对其着火温度有较大影响，高氧和高挥发分含量会使燃料的点火特性增强[25]。因此，SS、CS、PS 经过水热碳化后，着火温度均有显著提升，分别为 266.5 ℃、259.3 ℃、306.3 ℃。三种有机固废经水热处理后也导致 T_m 和 T_b 提高，这主要是因为固定碳含量和灰分含量增加所致，同时也表明水热处理后水热炭的主要燃烧过程向更高的温度区间转移。相比于 SS 水热炭，CS 水热炭表现出更低的着火温度，而 PS 水热炭表现出较高的着火温度，且由于 CS 和 PS 水热炭的固定碳含量较高，与 SS 共混水热反应可弥补所得水热炭的固定碳含量偏低的问题。

由图 2-7（b）结果可知，当 SS 和 CS 共混水热碳化时，CS 的掺混增加了水热炭的着火温度，同时还提升了水热炭中固定碳的含量，使固定碳燃烧区间出现了峰值，提升了水热炭燃料的可燃性。此外，SS 与 CS 共混也在一定程度上弥补了 CS 水热炭快速燃烧导致燃尽温度过低的缺点。当 CS 掺混比例增加时，水热炭的着火温度略微增加，并且明显高于 SS 和 CS 水热炭，表现出显著的协同作用，这主要是因为美拉德反应增加了二次炭的生成量（第 4 章的结果说明了这一点）。然而，CS 掺混比

例增加会导致水热炭燃尽温度降低，这可能是因为灰分含量减少而不能有效包裹固定碳和降低孔隙率，导致固定碳更容易燃尽。当 SS 掺混 PS 比例增加时，水热炭的着火温度显著增加，而燃尽温度显著降低，这与 SS 掺混 CS 得到的规律一致。相比于掺混 CS 得到的水热炭，SS:PS 掺混比仅为 1:1 时得到的水热炭着火温度高于相同掺混比下掺混 CS 得到的水热炭。这主要是因为 PS 掺混比例较低时，溶解到水相的有机成分较少，美拉德反应不剧烈，导致形成的二次炭含量少于掺混 CS 得到的二次炭含量，水热炭的芳构化程度改善不显著（这一结论与 XPS 结果一致），最终造成在掺混比较低的情况下掺混 CS 得到的水热炭具有较高的着火温度，但两者差值不显著。此外，掺混 PS 得到的水热炭的燃尽温度普遍高于掺混 CS 得到的水热炭，这是因为掺混 PS 的水热炭的芳构化程度更高所致。结合以上结论可知，在较高掺混比的情况下，SS 掺混 PS 相比于掺混 CS 具有更好的可燃性。

2.4　水相产物组成

水相的 COD 和 pH 如图 2-8 所示。

由图 2-8 可知，SS、PS 和 CS 的水相 COD 含量分别为 22.20 g/L、31.60 g/L 和 42.17 g/L，表明 SS 水热碳化转化到水相的有机成分略低，较多的有机成分被保留在水热炭中。CS 水相的 COD 含量显著高于 PS 水相，这可以从以下两方面解释：一方面，CS 的纤维素和半纤维素含量高于 PS，而纤维素和半纤维素容易水解至水相中，从而增加了水相中 COD 的含量；另一方面，在水热碳化过程中，CS 水相中产生了更多的有机酸，其水相的 pH 低于 PS 水相的 pH，较多的酸性成分的催化作用导致更多的有机成分被溶解在水相中，增加了水相中 COD 的含量。

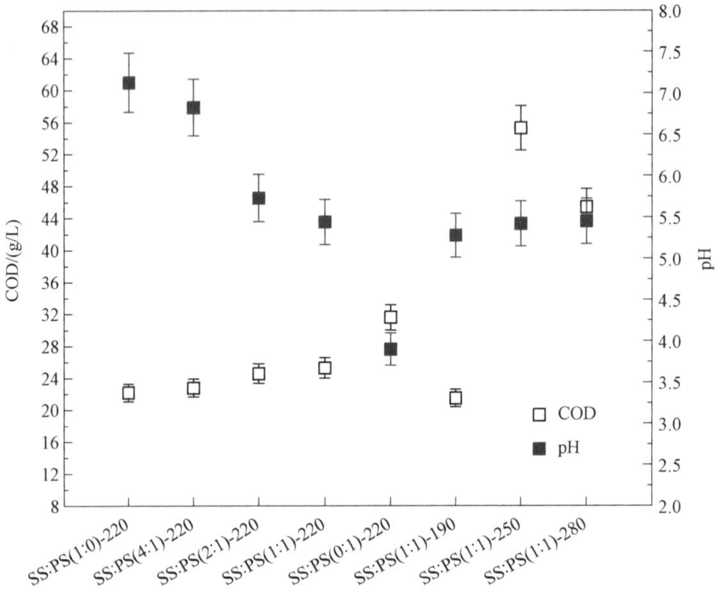

(a) SS:PS不同掺混比例和水热碳化温度对水热水相COD和pH的影响

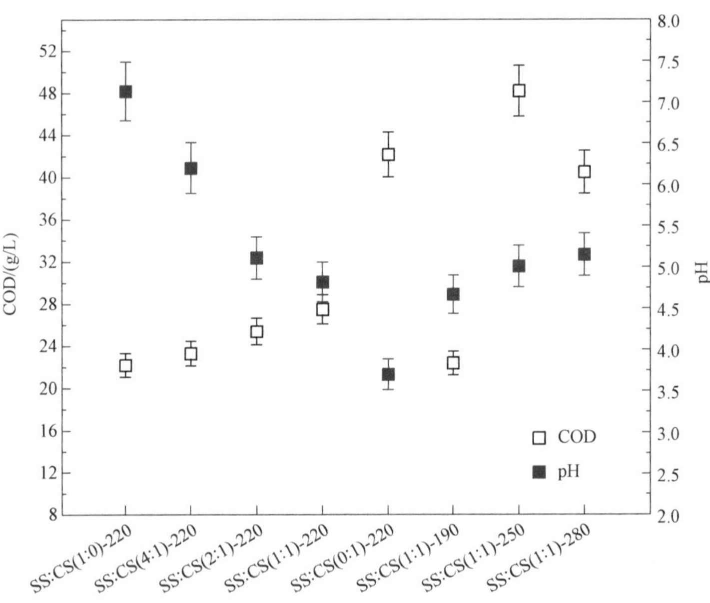

(b) SS:CS不同掺混比例和水热碳化温度对水热水相COD和pH的影响

图 2-8 不同掺混比例和水热碳化温度对水热水相 COD 和 pH 的影响

当 SS 和 CS 共混水热碳化时，随着 CS 掺混比例的增加，水相中的 COD 含量呈现缓慢增加趋势，表现出一定抑制作用，这可能是因为美拉德反应以及聚合过程产生更多的二次炭并重新固定在水热炭中。相比之下，SS 和 PS 共混水热碳化对水相中的 COD 含量的抑制作用不显著，主要是因为在反应温度 220 ℃下，纤维素和半纤维素发生水解反应，而 PS 的纤维素和半纤维含量比 CS 少，因此在水相中发生美拉德反应和聚合过程不剧烈，且水相的 pH 相对较高，不利于脱水、脱羧和聚合反应的进行，导致二次炭的产生受阻。从水热炭产率中也表现出该现象。此外，反应温度从 220 ℃增加至 250 ℃时，共混水相的 COD 含量增加显著，这是因为反应温度在 250 ℃时，木质素开始发生水解反应溶解到水相中，最终导致水相中的 COD 含量显著增加。当反应温度从 250 ℃增加至 280 ℃时，掺混 CS 和 PS 的水相 COD 含量分别从 48.2 g/L 降低至 40.5 g/L，从 55.3 g/L 降低至 45.4 g/L。温度增加至 280 ℃时，水相中的 COD 含量降低，这一方面是因为高温下有利于水相中的有机物发生脱氨基和气化反应，导致气相产物增加；另一方面是因为水相中的有机物聚合和缩聚反应加剧，更多的二次炭重新固定在水热炭中。

利用 GC-MS 测定各种原料水热废液的有机组分，根据分子结构特征，将这些水相有机成分归为 8 大类，包括酮类（Ketones）、醛类（Aldehydes）、酚类（Phenols）、烯烃（Alkenes）、烷烃（Alkanes）、胺类（Amines）、哌嗪（Piperazines）、吡嗪类（Pyrazines）、吡啶（Pyridines）、吡咯（Pyrroles）、其他有机物（Others organic matters），各类成分的相对含量如图 2-9 所示。

图 2-9（a）给出了污泥与 CS 共混水相中各类成分的相对含量。掺混 CS 的比例增加或反应温度增加，水相中不含氮成分的占比均会增加。反应温度增加时水相中不含氮成分的占比增加是因为温度升高提升了有机成分的反应活性，更多的有机成分发生水解进入到水相中，同时温度升

高至 250 ℃时，木质素开始水解，酚类物质增加明显，导致水相中不含氮成分显著增加。

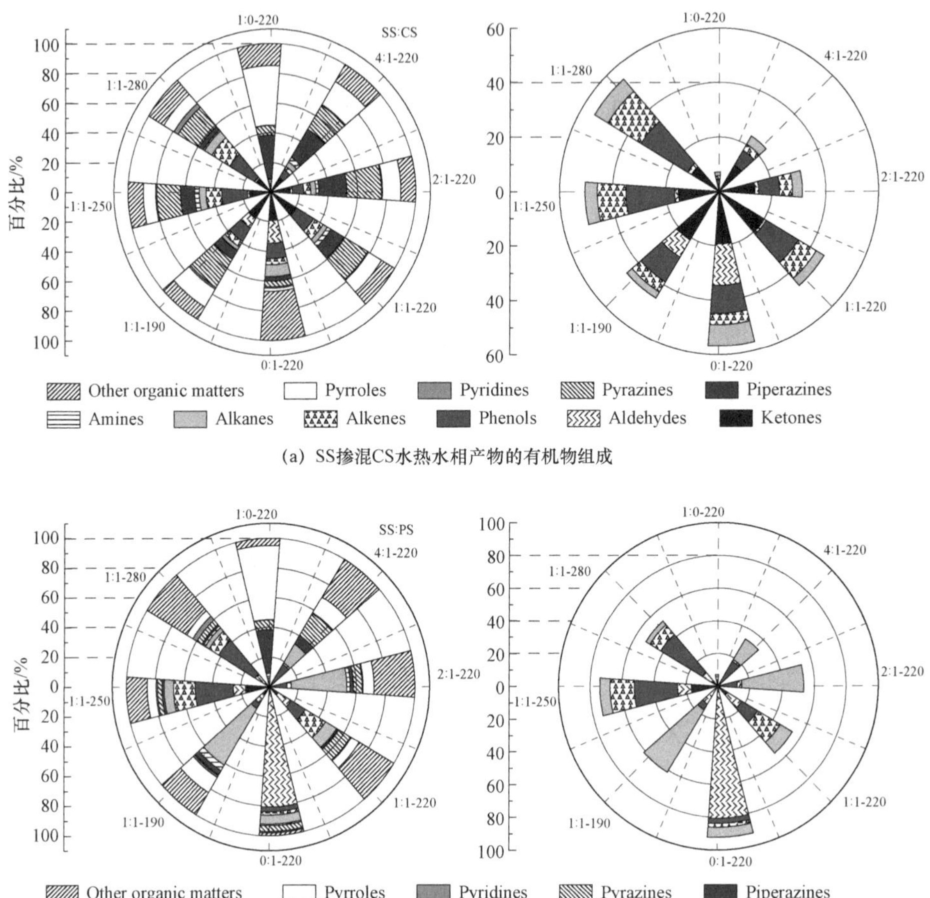

(a) SS掺混CS水热水相产物的有机物组成

(b) SS掺混PS水热水相产物的有机物组成

图 2-9　SS 掺混 CS、SS 掺混 PS 水热水相产物的有机物组成

相比之下，图 2-9（b）显示出污泥与 PS 共混后，反应温度增加并不能导致水相中不含氮成分的占比增加。这可能有两方面原因：一方面，反应温度的增加导致水相中的有机物含量增加，不含氮有机物含量也随之增加；另一方面，水解产物与污泥中的蛋白质水解产物发生美拉德反

应、聚合和缩聚反应形成的二次炭固定在水热炭中，导致水相中的不含氮有机物被消耗而含量降低，且 PS 的纤维素和半纤维含量比 CS 少，两者共同影响下，使得最终水相中的不含氮有机物含量随着温度的增加而无规律变化。对于含氮有机物而言，当 SS 水热碳化时，水相中基本为含氮有机物，随着 CS 掺混比例增加，含氮有机物比例显著减少，并从主要为吡咯-N 和杂环-N 转化为以哌嗪-N、吡啶-N、吡咯-N 和杂环-N 为主。这主要是因为 CS 的纤维素和半纤维素发生水解反应使不含氮有机物增加，同时酸性条件促进了含氮有机物的脱氨基反应。反应温度增加，掺混 CS 的水相中的含氮有机物逐渐减少，这一方面是因为脱氨基作用增强，另一方面是因为含氮有机物与不含氮有机物发生美拉德反应并聚合形成二次炭沉积在水热炭表面（从元素分析结果可以间接证明）。SS 与 PS 共混水热碳化，当 PS 掺混比例增加，含氮有机物比例减少，含氮有机物由主要为哌嗪-N 和吡咯-N 向杂环-N 转变。随着反应温度的增加，掺混 PS 的水相中的含氮有机物没有变化规律，这主要是由两方面原因共同作用导致：一方面，脱氨基作用增强后会降低含氮有机物的含量；另一方面，温度升高后糖类物质水解更彻底，聚合中间体（糠醛和 5-HMF）容易分解形成其他有机组分，聚合反应形成的二次炭较少，最终导致经由此路径进入水热炭中的含氮有机物偏少，使得水相中更多的含氮有机物得以保留。

2.5　本章小结

本章以污泥为基料，掺入一种代表性农林废弃物（玉米秸秆或松木屑），研究农林废弃物原料、掺混比例、Co-HTC 温度等对共混水热碳化固/液相产物质量分布及元素平衡特性的影响，探明水热炭官能团、碳结构、微观形貌、微区元素构成等理化特性，探索 C、N、O 等元素的化学形态转化过程。本章研究的具体结果如下。

（1）相比于 SS 掺混 CS，掺混 PS 比例增加，得到水热炭的 O/C 原子比降低更显著，而 H/C 原子比降低不显著。SS 掺混 CS 在水热炭产率上表现出更强的协同作用，而在热值方面表现出的协同性低于掺混 PS。

（2）水热碳化温度的增加促进了共混水热炭表面的聚合和缩合反应，同时提升了二次炭的芳香性，其中 SS 掺混 PS 得到的水热炭芳构化程度高于掺混 CS，但 SS 掺混 CS 在芳构化程度上表现出更高的协同作用。

（3）相比于掺混 CS 得到的水热炭，SS:PS 掺混比仅为 1:1 时得到的水热炭着火温度高于相同掺混比下掺混 CS 得到的水热炭，因此，在较高掺混比的情况下，SS 掺混 PS 具有较好的可燃性。

（4）随着反应温度的增加，SS 掺混 CS 的水相中的含氮有机物逐渐减少，而掺混 PS 的水相中的含氮有机物未发现变化规律。此外，反应温度从 190 ℃增加至 280 ℃，SS 和 PS（CS）共混水相的 COD 含量先增加后减小。

第 3 章　废水中盐分对有机废弃物水热碳化固相产物的影响

3.1　本章引言

随着全球畜禽产业的工业化发展，大量畜禽粪便随之产生，如未经预处理直接排放到环境中，将对环境造成严重污染。畜禽粪便中含有大量病原体、抗生素和重金属，使用传统的处理手段，如厌氧消化和堆肥，不仅处理周期过长，而且极易对环境造成二次污染[26-28]。通过焚烧、气化和热解等热转化方法可有效处理畜禽粪便和回收畜禽粪便中的能量[29]。然而，畜禽粪便通常具有含水量高和碱金属盐含量高等物性劣势，导致使用传统的热转化方法存在预处理成本高等问题[30,31]。因此，采用一种经济有效的处理方法对畜禽粪便进行提质是必不可少的步骤。

水热碳化技术是处理高含水有机废弃物的有效方法，其实质是在 180～250 ℃和 2～10 MPa 的亚临界水环境中，利用亚临界水的溶解性和催化活性，加速有机废弃物的脱水、脱羧过程，进而提高其煤化度[32,33]。此外，水热碳化过程可有效去除有机废弃物中的病原体、抗生素和重金属等污染物[34,35]。然而，由于畜禽粪便的低碳含量和高灰分含量[36]，其碳化产物具有较低的高位发热量（HHV）和较差的孔隙结构，仍满足不了替代碳基材料（固体燃料、吸附剂和电极材料）的要求。因此，一些研究人员提出畜禽粪便与高碳含量和低灰分含量的木质纤维素生物质共混水热碳化的方式来提高畜禽粪便水热炭的理化特性。例如，Lang 等人[37]研究了锯末、玉米秸秆与猪粪的共混水热碳化，发现共混水热碳化有效提高了猪粪水热炭的 HHV，其热值高达 24.20 kJ/kg，且混料水热炭中重金属浓度降低。Mariuzza 等人[38]研究了牛粪与干农业残渣的共混水热碳化，发现混料水热炭的燃烧性能要优于牛粪水热炭。这些结果表明，畜禽粪便与木质纤维素生物质的共混水热碳化可以显著改善畜禽粪便水热炭的物性劣势，进而提高其利用价值。

然而，为保证有机废弃物在亚临界水环境中的正常反应，需提供适量给水以浸没原料，因此水热碳化技术面临耗水量大的难题。在以往研究中，多数研究人员采用去离子水调配给料，这在一定程度上造成了淡水资源的浪费。因此，选择替代水源作为水热过程中的供给水具有重要意义。现阶段，多数研究人员提出将含有高盐分的海水或工业废水作为调配有机废弃物水热过程给料浆液的水源[39,40]。Jiang 等人[41]发现海水中盐分可增强生物质中纤维素的溶解和解聚过程，促使其转化为低分子聚合物。Yang 等人[42]研究了海水对不同类型生物质（小球藻、红海藻、废咖啡渣和锯末）水热液化的影响，结果发现海水中盐分有利于锯末降解产物的缩合过程，导致其生物原油产率（7.9%）远低于淡水环境中的生物原油产率（27.1%）。这些结果表明，水源中的盐分对有机废弃物的水热转化过程表现出不同作用。然而，目前针对海水或工业废水中盐分对不同类型有机废弃物及其混料水热碳化的影响仍缺乏研究。

因此，本章根据高盐分废水中存在的主要盐分，选取 $MgSO_4$ 和 NaCl 作为代表性物质，研究高盐分废水中主要盐分对鸡粪（CM）、玉米秸秆（CS）及其混料水热炭理化特性的影响。主要通过多种宏观和微观分析手段，获得水热炭的微观形貌、孔隙结构、化学成分和官能团分布，基于此探讨两种盐分对有机废弃物水热碳化过程的影响。研究结果可为海水或高盐分工业废水在水热过程中的资源化利用提供技术指导及理论参考。

3.2　材料与方法

3.2.1　实验材料

本研究中使用的 CM 和 CS 分别取自河北省保定市的畜牧场和农田。实验前将原料用高速研磨机研磨并过 60 目筛，以获得粒径小于 0.3 mm 的粉末，并在 105 ℃的烘箱中干燥 24 h。

本研究选取 $MgSO_4$ 和 NaCl 作为高盐分废水中的典型盐分，并分别与去离子水配置成 0.5 mmol/mL、1.0 mmol/mL 和 1.5 mmol/mL 的溶液。其中 $MgSO_4$ 和 NaCl 均为分析纯，购自上海麦克林生化科技有限公司。

3.2.2　水热碳化实验

水热碳化实验在 1 L 的机械搅拌反应釜中进行。称取 40 g 原料（CM 或 CS 或两者混合物）和 200 g $MgSO_4$ 或 NaCl 溶液混合均匀后置于反应釜中，将反应釜密封，并打开搅拌器。然后通入氮气吹扫 8～10 min 以排除反应釜中的空气，之后关闭排气阀，待反应釜压力达到 1 MPa 后进行保压 1 h。若无漏气现象，打开加热装置，以 3 ℃/min 的加热速率将反应釜加热至 220 ℃，并在此温度下保持 1.5 h。待反应结束后，关闭加热器并以水冷的方式将反应釜冷却至室温。使用真空过滤装置将水热碳化的浆料产物进行固液分离，所得的固相产物（水热炭）用去离子水进行反复清洗，直至滤液无色。最后将水热炭在 105 ℃的烘干箱中干燥 12 h，研磨并过 60 目筛。根据 CM:CS 质量比、水热碳化给料的水源和溶质浓度来区分各工况，如 CM:CS（1:1）-M1.0、CM:CS（1:1）-S1.0 分别表示 CM 与 CS 的质量比为 1:1，以 1 mmol/mL $MgSO_4$ 或 NaCl 溶液为水热碳化水源时制备的水热炭，其中 M 表示 $MgSO_4$，S 表示 NaCl。

3.2.3 水热炭的表征

原料和水热炭中固定碳（FC，%）、挥发分（VM，%）和灰分（Ash，%）的质量含量根据国家标准《煤的工业分析方法》（GB/T 212—2008）利用马弗炉测定。利用元素分析仪（Elementar Unicube）测定原料和水热炭中 C、H、N、S（%）相对含量，O（%）含量由差量法计算获得（%O = %100 − %Ash − %C − %H − %N − %S）。利用 X 射线光电子能谱（XPS，Thermo Scientific K-Alpha）测定原料和水热炭表面的元素组成及其化学形态。使用光源是 Cu-Kα 射线的 X 射线衍射仪（XRD，日本 Rigaku SmartLab SE）测试样品的相结构，测试范围为 10°～80°。原料和水热炭的化学结构利用拉曼光谱仪（LabRam HR Evolution）进行测定。利用扫描电子显微镜（SEM，捷克 TESCAN MIRA LMS）分析原料和水热炭的表面微观形貌。使用全自动比表面积分析仪（麦克 ASAP2460）对原料和水热炭样品进行氮气吸脱附测试，并由 BET 法得到样品的比表面积，其总孔体积在压强 P/P_0=0.99 情况下计算，平均孔径由 BJH 脱附计算获得。

3.3 盐分对水热炭产物理化特性的影响

3.3.1 水热炭的燃料性质

图 3-1 给出了原料和水热炭的质量产率（HMY）和高位热值（HHV）。

结果发现，水热炭的质量产率和 HHV 受原料类型和水质的影响。由于 CM 中存在大量的碱金属盐，如 K、Na、Mg 和 Ca[43]，导致其灰分含量较高（31.96%），且经过水热碳化之后大部分无机盐仍会保留在水热炭中[44]，因此 CM 水热炭的质量产率高于 CS 水热炭。然而，在原料相同的条件下，水源中 NaCl 会催化原料的水解[45]，促使 CM 或 CS 中可降解

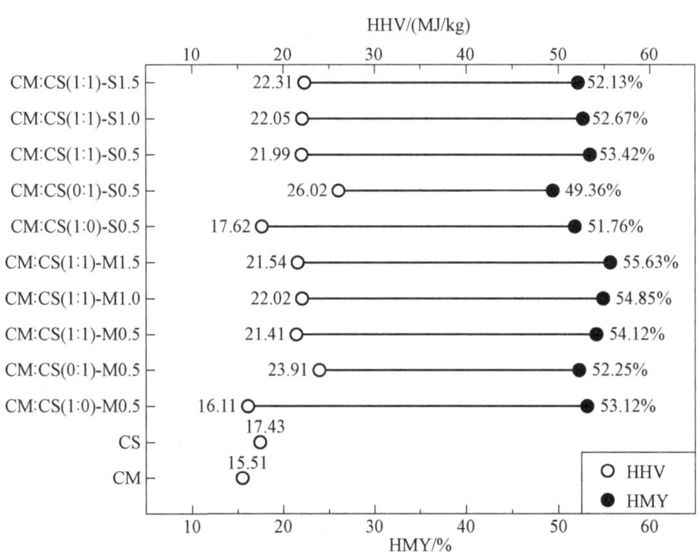

图 3-1　原料和水热炭的质量产率和 HHV

组分溶解于液相或转化为气相产物，因此所得水热炭的质量产率较低。$MgSO_4$ 水质下，所得水热炭的质量产率增加，这归因于碱金属盐的再固定。此外，混料水热炭的质量产率要高于 CM 或 CS 水热炭，这可能是因为CM中蛋白质与CS中碳水化合物之间的相互作用促进了固相产物的形成[37]。这个过程也有效解决了 CM 水热炭 HHV 较低的缺陷。相比于原料，水热炭的 HHV 均有显著提高，这归因于水热碳化过程中挥发分的分解及可溶性产物的再聚合，提高了固相产物的能量密度[46]。在 NaCl 水质下，随着水源中 NaCl 浓度增加，水热炭的 HHV 从 21.99 MJ/kg 增加到 22.31 MJ/kg，这说明 NaCl 在催化水解的同时，也有助于将原料降解的主要中间体缩聚为具有高能量密度的二次炭，进而提高水热炭的 HHV。

原料和水热炭的工业分析和元素组成如表 3-1 所示。

当 CM 经过水热碳化后，其灰分含量由 31.96%分别增加至 47.00%和 40.94%，这可能是水热碳化过程中 CM 中挥发分解溶于液相或转化为气相所致。然而当 CM 与 CS 共混水热碳化后，混料水热炭的灰分含量显著

表 3-1　原料和水热炭的化学组成

样品	工业分析/（wt%，db）			元素分析/（wt%，db）				
	FC（固定碳）	VM（挥发分）	Ash（灰分）	C	N	H	S	O
CM	6.25	61.79	31.96	35.24	3.34	4.84	0.51	24.11
CS	11.34	85.94	2.72	44.93	1.37	5.48	0.07	45.43
CM:CS（1:0）–M0.5	7.90	45.10	47.00	31.09	1.59	4.08	5.65	10.59
CM:CS（0:1）–M0.5	32.57	66.86	0.57	60.13	1.25	5.29	0.42	32.34
CM:CS（1:1）–M0.5	13.33	69.15	17.52	50.50	2.11	5.44	2.64	21.79
CM:CS（1:1）–M1.0	12.90	68.03	19.07	48.80	1.97	5.32	3.43	21.41
CM:CS（1:1）–M1.5	12.24	67.40	20.36	48.77	2.06	5.30	3.57	19.94
CM:CS（1:0）–S0.5	8.28	50.78	40.94	38.55	1.84	4.67	0.65	13.35
CM:CS（0:1）–S0.5	39.08	58.71	2.21	64.29	1.59	5.34	0.14	26.43
CM:CS（1:1）–S0.5	19.60	60.23	20.17	50.92	2.09	5.41	0.39	21.02
CM:CS（1:1）–S1.0	20.78	59.85	19.37	52.03	2.26	5.13	0.38	20.83
CM:CS（1:1）–S1.5	21.54	58.15	20.31	52.72	2.21	5.02	0.32	19.42

降低，固定碳含量增加。相比于 $MgSO_4$ 水质下，NaCl 水质中所得水热炭的挥发分含量更低，且固定碳含量更高，这说明水源中的 NaCl 有助于将液相溶解的低分子量物质转化为更加稳定的聚合物，进而提高水热炭的燃烧品质。元素分析结果发现，除 CM:CS（1:0）–M0.5 之外，其余 CM 或 CS 水热炭的 C 含量增加，H 和 O 含量降低，这主要归因于水热碳化过程中的脱水和脱羧反应。在 $MgSO_4$ 水质中进行水热碳化，水热炭中 S 元素含量增加，其中 CM:CS（1:0）–M0.5 中 S 元素含量高达 5.65%，这可能是水源中 SO_4^{2-} 再次固定在水热炭表面所致。此外，随着 $MgSO_4$ 浓度的增加，混料水热炭的 S 元素含量增加。为进一步探究 CM、CS 及其混料的碳化规律，绘制了原料及其水热炭 H/C 和 O/C 变化的 Van Krevelen 图，如图 3-2 所示。

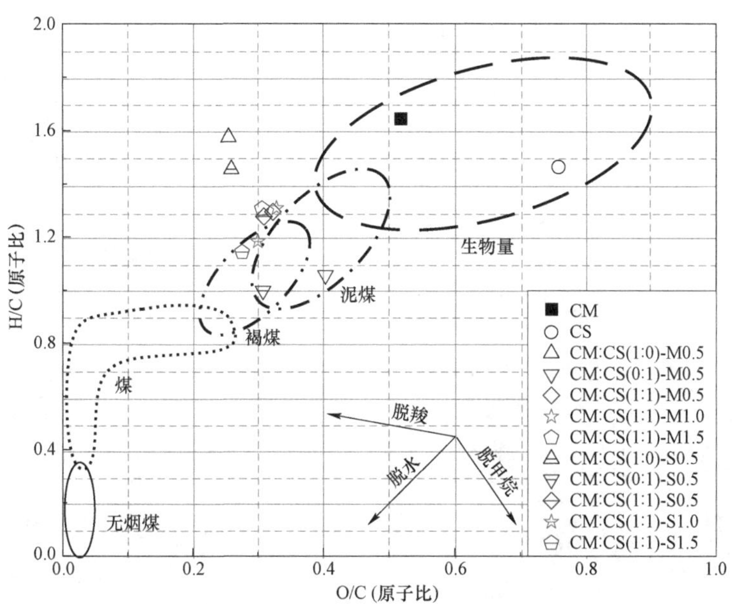

图 3-2　原料和水热炭的 Van Krevelen 图

经过水热碳化，所有水热炭样品的 H/C 和 O/C 均低于原料，且在 NaCl 水质中水热炭的 H/C 和 O/C 进一步降低，这说明 NaCl 环境中更有利于 CM、CS 及其混料的脱水和脱羧过程[47]。此外，相比于 CM 水热炭，混料水热炭的 H/C 降低，且在 NaCl 水质中变化更显著，这说明 CS 的掺混可以有效提高 CM 水热炭的燃料品质，其变化与 HHV 相对应。因此，在 NaCl 水质中对 CM 进行共混水热碳化可有效改善 CM 水热炭燃料品质较差的问题。

3.3.2　水热炭的微观形貌及孔隙结构

CM、CS 及水热炭样品的表面微观形貌如图 3-3 所示。

CM 表面含有较多的块状颗粒，而 CS 表面相对平整，其表面一般为纤维结构。经过水热碳化后，CM 和 CS 水热炭不仅表现出与原料不同的表面结构，且两者由于组成成分的不同，其碳化产物的表面结构也存在

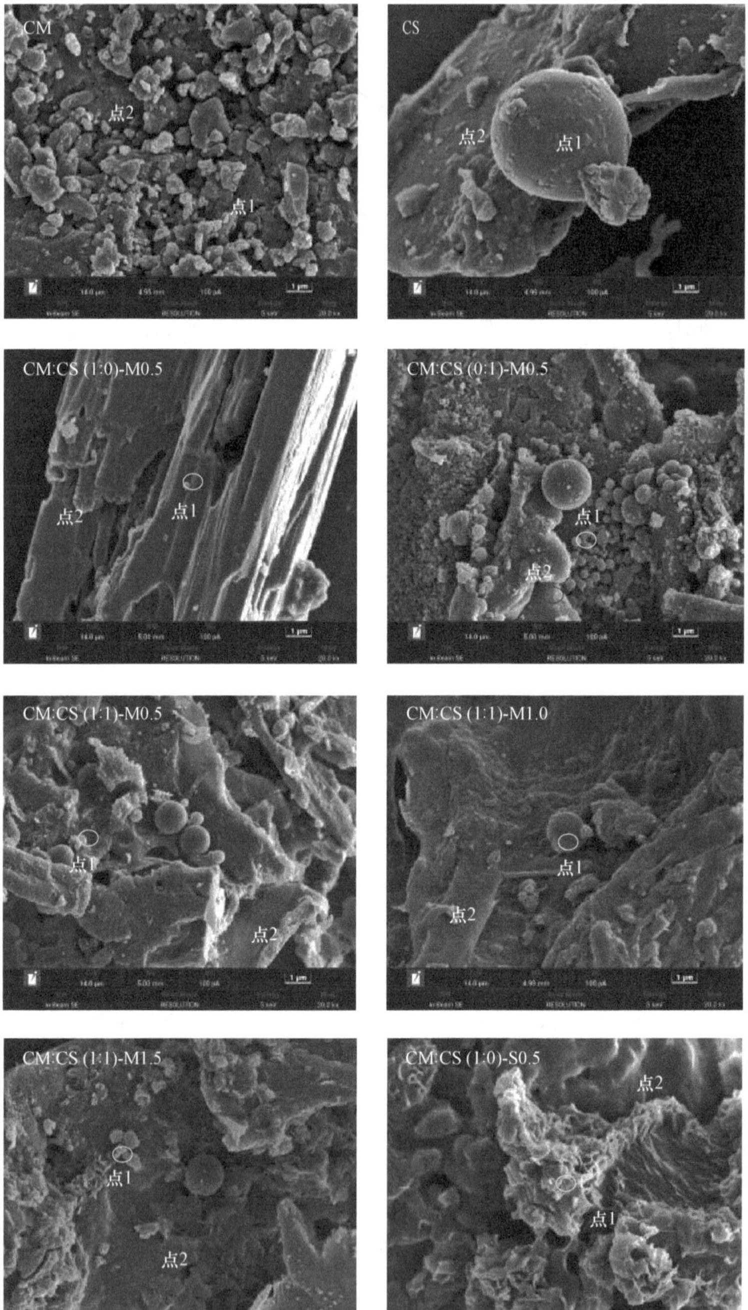

图 3-3　原料和水热炭的表面微观形貌（点 1 表示絮状物或微球，点 2 表示水热炭基体）

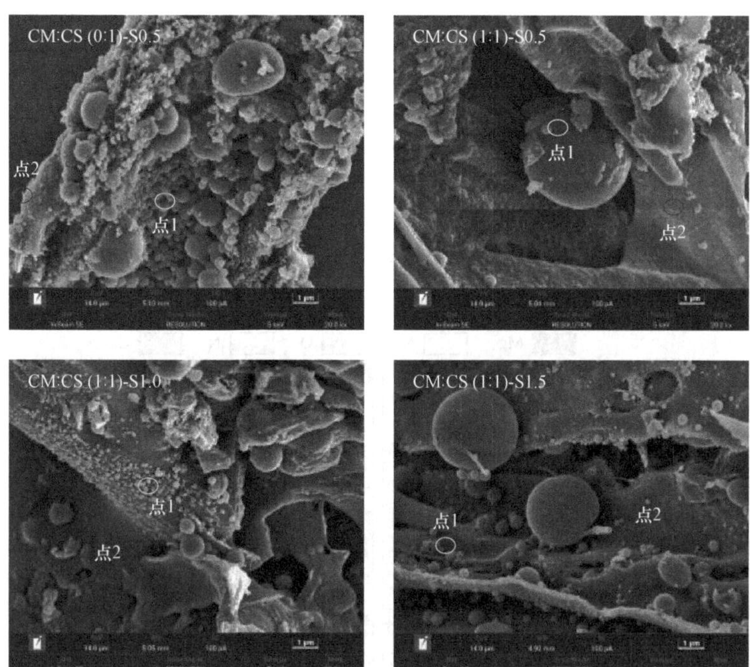

图 3-3 原料和水热炭的表面微观形貌（点 1 表示絮状物或微球，点 2 表示水热炭基体）（续）

显著差异。CM 水热碳化后，原料中未溶解的蛋白质通过固-固反应形成水热炭基体，而其水解产物生成的一系列含氮化合物经过深度聚合形成絮状物并沉积在水热炭表面[48]。而 CS 水热炭表面的微球结构主要由木质纤维素组分的降解产物经过缩合、聚合形成，最终附着在水热炭基体上。相比于 $MgSO_4$ 溶液下水热碳化，在 NaCl 溶液中更有利于碳微球的形成，这可能是 NaCl 促进了 CS 降解中间体的再聚合。相比于 CM 水热炭，混料水热炭基体表面主要为碳微球，这主要是因为蛋白质的水解产物可以与木质纤维素组分的降解中间体发生美拉德反应，并进一步聚合成碳颗粒[49,50]。然而，在 $MgSO_4$ 条件下，随着 $MgSO_4$ 浓度的增加，水热炭表面变得相对平整且微球结构减少，这可能是因为水源中 $MgSO_4$ 引起的碱金属盐再固定，导致原料表面钝化，可能阻碍了原料的水解过程。与此相反，在 NaCl 水质中水热碳化更有利于大粒径碳微球的生成，这是因为

NaCl促进了混合原料的碳化过程，特别是脱水、缩合和聚合过程，促进了水热炭表面碳微球的生长[45]。

采用EDS分析了水热炭表面微观区域的元素组成。在此过程中，分别选择水热炭表面的絮状物或微球（点1）以及基体（点2）作为代表性区域。原料和水热炭样品的微观区域元素相对含量如图3-4所示。

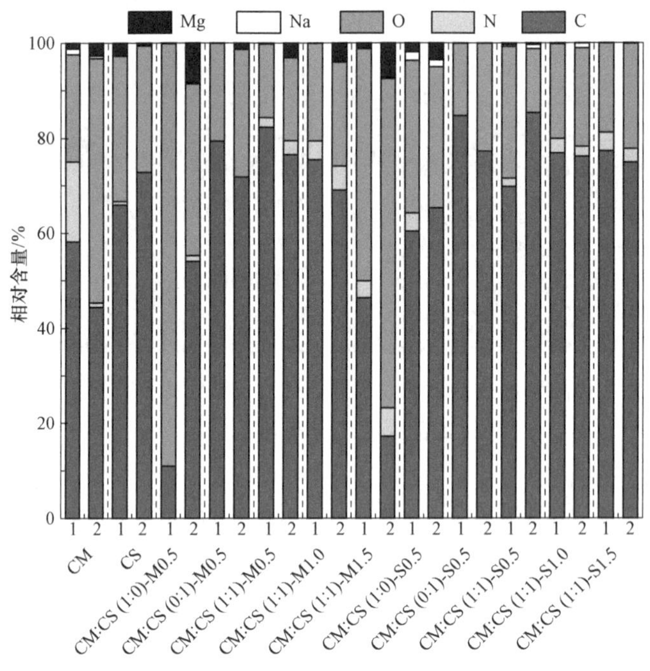

图3-4　原料和水热炭表面微观区域元素组成及其相对含量

结果发现，在$MgSO_4$条件下，水热炭表面的Mg元素含量从1.95%增加至4.2%，O含量从36.99%增加至62.49%，而C含量从51.31%降低至32.49%，这些变化主要是由于碱金属盐的再固定抑制了CM的水解过程。共混水热碳化过程中，水热炭表面的Mg含量随$MgSO_4$浓度增加而增加，水热炭基体（点2）上N含量增加也说明CM的水解过程可能被抑制。然而，NaCl环境下CM水热炭表面的C含量增加，O含量降低，这归因于NaCl促进了水热碳化过程中的脱水、脱羧反应。此外，共混水

热炭表面微球（点 1）上的 N 含量随水源中 NaCl 浓度的增加而增加，这再次证明了 NaCl 可以促进混料降解中间体的交互反应及其产物的缩合和聚合过程，进而形成含氮碳微球沉积在水热炭基体上。

原料和水热炭样品的 N_2 吸附-脱附等温曲线如图 3-5 所示。

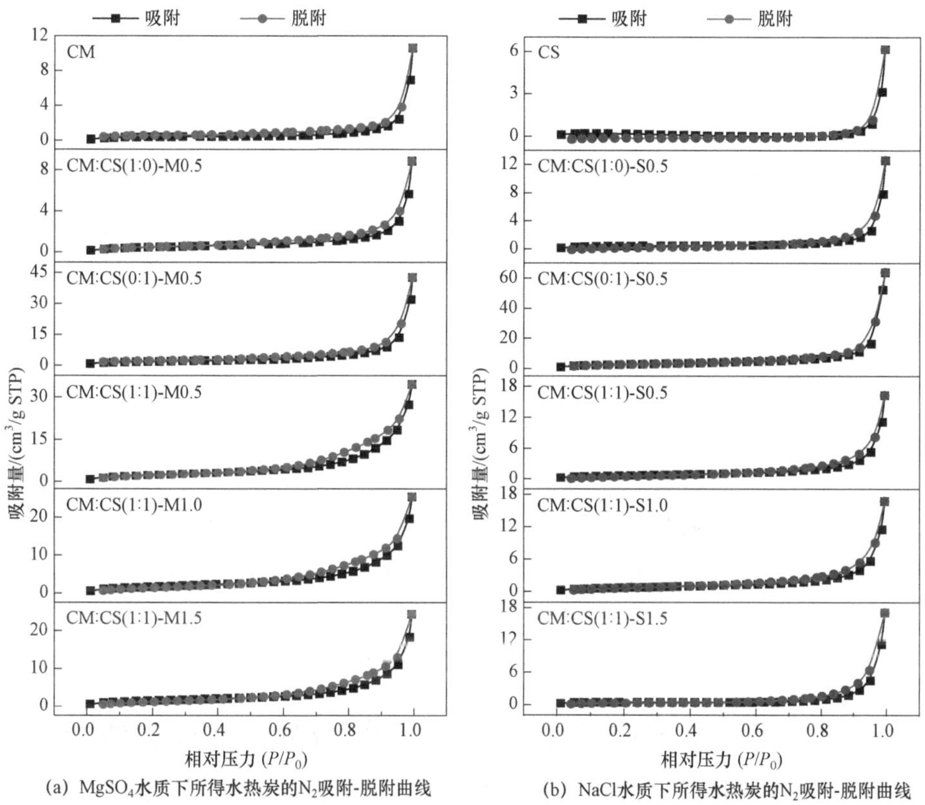

图 3-5　$MgSO_4$ 和 NaCl 水质下所得水热炭的 N_2 吸附-脱附曲线

结果发现，原料和水热炭样品在低压区对 N_2 分子的吸附性能较弱，随着相对压力增加，吸附能力大幅提升，且在中压区和高压区出现 H4 型滞后回线，表明样品为典型的介孔结构。相比于 CM 和 CS，所有水热炭样品对 N_2 的吸附量均有所增加，这说明水热碳化过程对水热炭介孔结构的形成表现出优异的促进作用。然而，水热炭样品表现出了不同的吸附性能，这与水热炭的比表面积和多孔结构相关。

不同水热碳化工艺下水热炭的多孔结构存在显著差异，原料及水热炭的孔径分布如图 3-6 所示。

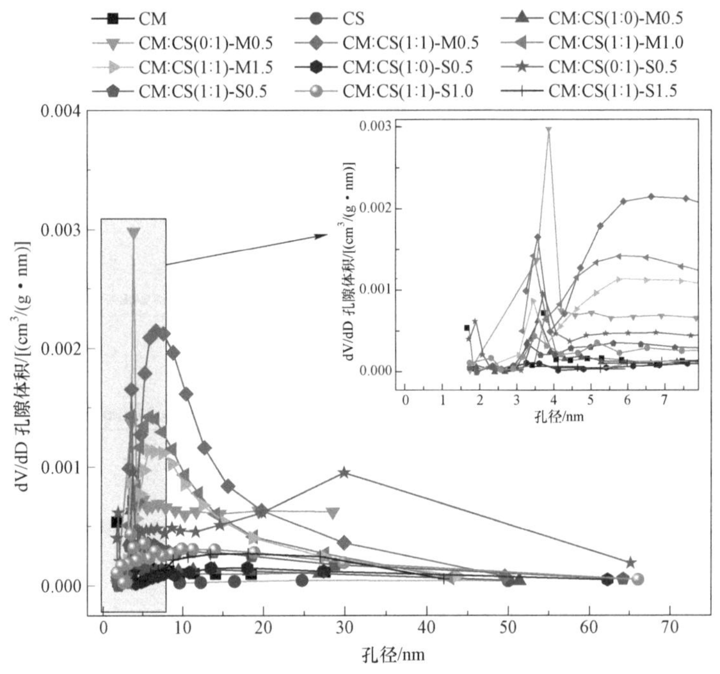

图 3-6　原料和水热炭的孔径分布

结果发现，CM 与 CS 并未出现明显的峰，说明原料中孔隙结构较差，正如 SEM 结果所示。经过水热碳化之后，多数水热炭样品在 10～15 nm 的介孔区域内出现明显峰值，其中 CM:CS（0:1）-S0.5 的孔径主要分布在 30 nm 附近。一般而言，水热炭多孔结构的形成与原料水热碳化过程中的反应路径相关[51]。在水热碳化的初始阶段，CM 或 CS 中的主要组成部分（蛋白质或木质纤维素组分）发生水解，形成的低分子量化合物（氨基酸、葡萄糖和木糖）溶解在液相中，该过程对水热炭孔隙结构的形成具有积极作用[51]。然而，随着碳化反应的进行，液相中部分可溶性化合物进一步聚合成固体颗粒并附着在水热炭表面，造成孔隙堵塞，阻碍了

水热炭多孔结构的发展[52]。相比于 CM 水热炭，混料水热炭的比表面积和孔隙结构得到改善。然而，在 NaCl 水质下，随着 NaCl 浓度的增加，混料水热炭的比表面积降低，这可能与二次炭的形成有关，即 NaCl 促进了蛋白质和木质纤维素组分两者降解产物之间的交互反应，该过程生成的类黑精通过深度聚合形成碳颗粒黏附在水热炭表面，阻碍了孔隙结构的发展。而在适量浓度的 $MgSO_4$ 水质中，可促进混料水热炭多孔结构的形成，但过高浓度下碱金属盐的沉积会抑制孔隙结构的发展，这也造成了水热炭比表面积的降低，如表 3-2 所示。

表 3-2　水热炭的孔隙结构参数

样品	$S_{BET}{}^{a}$/（m^2/g）	$V_{tp}{}^{b}$/（cm^3/g）	D^{c}/nm
CM	1.69	0.004	12.84
CS	0.78	0.001	41.33
CM:CS（1:0）– M0.5	1.88	0.005	22.05
CM:CS（0:1）– M0.5	7.14	0.020	14.50
CM:CS（1:1）– M0.5	9.51	0.029	15.45
CM:CS（1:1）– M1.0	6.63	0.019	15.71
CM:CS（1:1）– M1.5	5.97	0.017	17.54
CM:CS（1:0）– S0.5	1.70	0.004	34.60
CM:CS（0:1）– S0.5	10.45	0.024	31.98
CM:CS（1:1）– S0.5	2.58	0.008	24.56
CM:CS（1:1）– S1.0	2.92	0.009	23.87
CM:CS（1:1）– S1.5	1.80	0.007	28.93

相比于原料，水热炭的总孔体积增加，位于 0.04～0.029 cm^3/g，且总孔体积与水热炭的比表面积具有明显相关性。

3.3.3　水热炭的化学特性

图 3-7 给出了原料和水热炭的 XRD 光谱，以进一步研究水热炭的晶体结构。

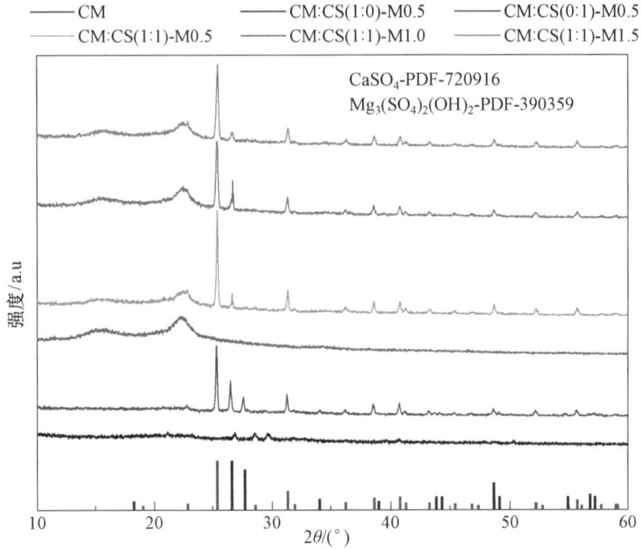

(a) 原料的 XRD 光谱

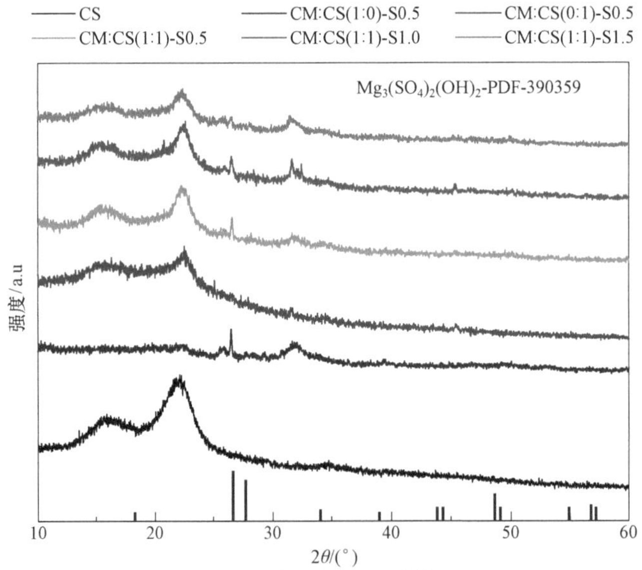

(b) 水热炭的 XRD 光谱

图 3-7　原料和水热炭的 XRD 光谱

结果发现，CM 中的主要晶相为 $Mg_3(SO_4)_2(OH)_2$。经过水热碳化后，CM 及其混料水热炭中仍含有此无机晶相结构。然而，不同水质下水热炭的衍射峰具有显著差异。在 $MgSO_4$ 水质下，CM 及其混料水热炭中

$Mg_3(SO_4)_2(OH)_2$ 的典型峰增强，这可能是因为水源中 $MgSO_4$ 的再固定。此外，CM 及其混料水热炭的无机晶相结构还包括 $CaSO_4$，这可能因为 CM 中的 Ca^{2+} 与水源中的 SO_4^{2-} 相结合形成 $CaSO_4$ 并沉淀在水热炭上。在 $2\theta=15.32°$ 和 $22.3°$ 的衍射峰对应于纤维素结构，当含有 CS 的原料水热碳化后，水热炭在 $2\theta=15.32°$ 仍存在该衍射峰，说明水热碳化过程中纤维素未完全水解，仍有部分保留在水热炭中[53]。而 $2\theta=22.3°$ 的衍射峰在碳化后发生偏移，这可能是纤维素发生分解和碳化所致，该峰表示水热炭中石墨结构的形成[54]。而 CM 水热炭中并没有该峰，说明水热炭石墨结构的形成与原料类型有关。

通过拉曼光谱进一步研究不同条件下水热炭的石墨化程度，如图 3-8 所示。

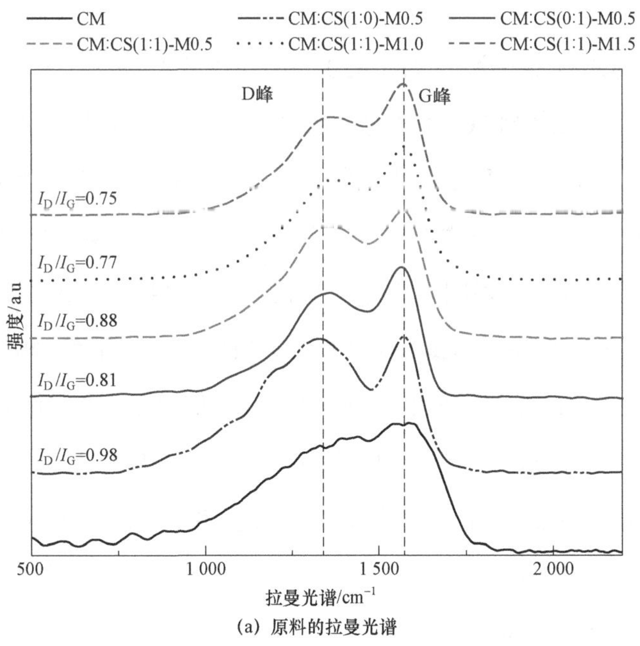

(a) 原料的拉曼光谱

图 3-8　原料和水热炭的拉曼光谱

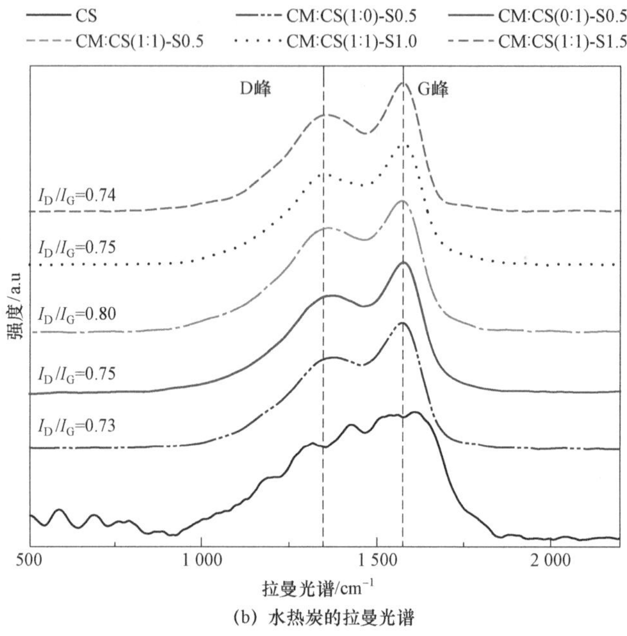

(b) 水热炭的拉曼光谱

图 3-8 原料和水热炭的拉曼光谱（续）

所有水热炭样品在波长为 1 350 cm^{-1}（D 峰）和 1 575 cm^{-1}（G 峰）处出现波峰，其中 D 峰和 G 峰分别表示水热炭中无序或有序的石墨结构[55]。通常，D 峰和 G 峰的相对强度比值（I_D/I_G）可以用来解释水热炭的石墨化程度，比值越小说明石墨结构的有序度越高[56]。在 $MgSO_4$ 水质中，CM 水热炭的 I_D/I_G 值最大，表明其无序性最强，随着 CS 的掺混，水热炭的 I_D/I_G 值降低，表明 CS 的掺混有助于增加水热炭的石墨化程度。相比于 $MgSO_4$ 水质中，在 NaCl 水质下获得的水热炭的 I_D/I_G 值降低，一方面是因为 NaCl 促进了二次炭的形成，另一方面是因为水源中 $MgSO_4$ 引起了 CM 中碱金属盐的再固定，从而增加了水热炭中碳原子的结构缺陷及无序程度。

利用 XPS 光谱研究了原料及水热炭表面的元素组成及其化学形态，其全谱图如图 3-9 所示。

原料和水热炭在 284.8 eV、400.2 eV 和 533 eV 处有 3 个明显的峰，分别归因于 C 1s、N 1s 和 O 1s。根据 XPS 光谱可将 C 1s 分峰拟合为 4 个

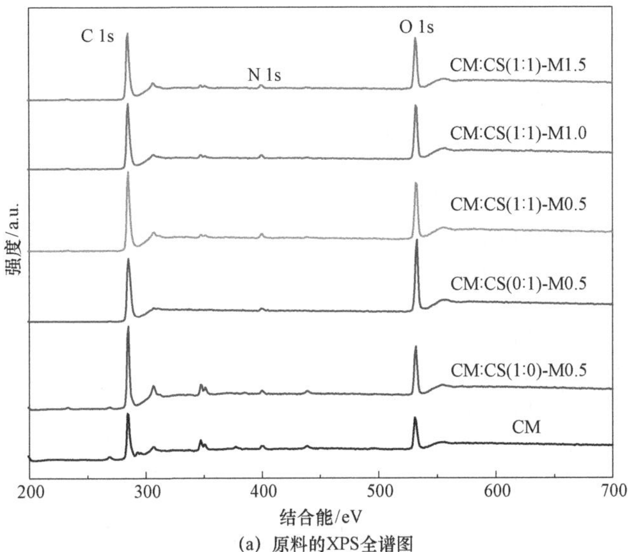

(a) 原料的XPS全谱图

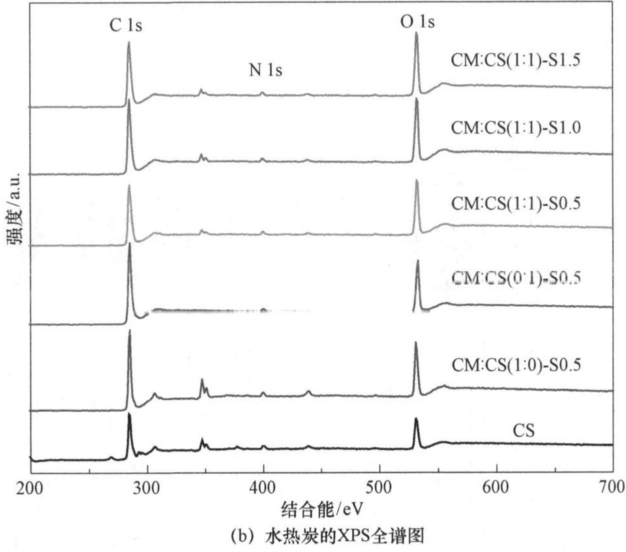

(b) 水热炭的XPS全谱图

图 3-9　原料和水热炭的 XPS 全谱图

峰，分别为（284.6 eV±0.2）eV 处的脂肪族/芳香族（CH_x/C═C/C—C），（286.3 eV±0.3）eV 处的酚、醇或醚基（—C—OR），（287.7 eV±0.2）eV 处的羰基(>C═O)以及(288.6 eV±0.2)eV 处的羧基、酯或内酯(—COOR)。根据各峰面积来确定相应基团的相对含量，如图 3-10（a）所示。

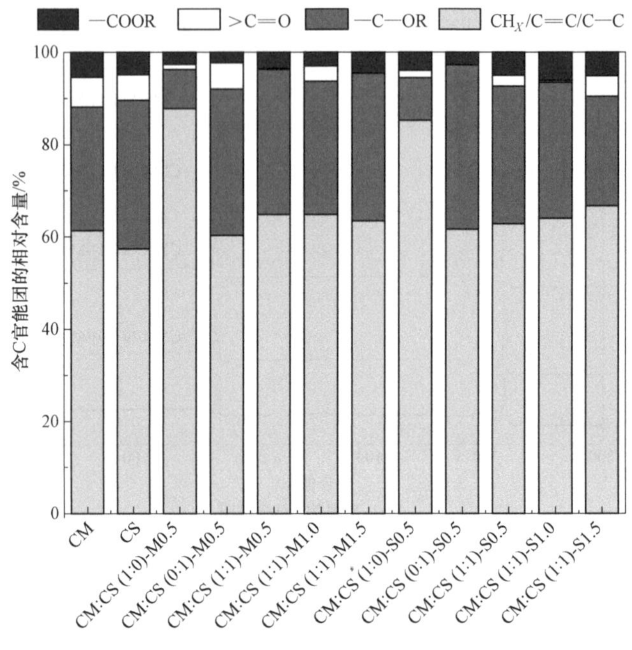

(a) 水热炭中含C官能团的相对含量

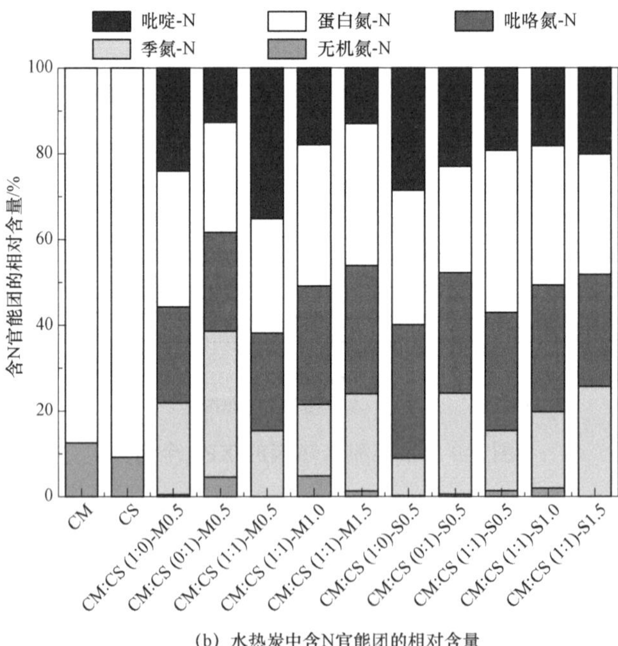

(b) 水热炭中含N官能团的相对含量

图 3-10　水热炭中含 C 官能团和含 N 官能团的相对含量

原料和水热炭样品中的含 C 官能团的主要化学形态为 CH_X/C═C/C—C 和—C—OR。相比于 CM 或 CS，CM 及 CS 水热炭的—C—OR 和—COOR 相对含量降低，这归因于水热碳化过程中原料的脱水和脱羧反应。此外，水热碳化过程中原料降解产生的聚合中间体进一步的芳构化增强了水热炭的芳香性，导致水热炭中 CH_X/C═C/C—C 的相对含量增加。在 $MgSO_4$ 水质中，随着 $MgSO_4$ 浓度的增加，混料水热炭中 CH_X/C═C/C—C 的相对含量从 64.81%减少为 63.39%，表明 $MgSO_4$ 水质中不利于水热炭的芳构化。这可能是因为水源中的 $MgSO_4$ 会引起碱金属盐再固定，导致水热炭表面的活性位点减少，进而抑制了水热碳化过程中的芳构化。相反，在 NaCl 水质中，钠盐会加速水热碳化过程中的脱水、芳构化和聚合反应[47]，因此混料水热炭的芳香性增强，其 CH_X/C═C/C—C 的相对含量从 62.77%增加为 66.68%。

为进一步了解原料类型及水质对水热炭中含氮基团的影响，通过 XPS 将 N 1s 分峰拟合为 5 个峰，分别为（398.8 eV±0.2）eV 处的吡啶氮、（399.7 eV±0.2）eV 处的蛋白氮、（400.2 eV±0.2）eV 处的吡咯氮、（401.4 eV±0.3）eV 处的季氮和（402.9 eV±0.2）eV 处的无机氮[57]，各基团的相对含量如图 3-10（b）所示。在 CM 和 CS 中，N 的主要存在形态为蛋白氮，还有少量无机氮。经过水热碳化后，原料中氮的存在形态发生转变。由于无机氮在亚临界水环境中被显著溶解[58]，因此其相对含量显著降低。而部分蛋白氮在水热碳化过程中可以通过重排反应转化为吡咯氮和吡啶氮，吡啶氮进一步聚合或缩合环化成季氮[59]。因此水热炭中的吡啶氮、吡咯氮和季氮相对含量增加。此外，在共混水热碳化过程中，蛋白质的水解产物（氨基酸）与木质纤维素组分的降解产物（羰基化合物）之间通过美拉德反应形成的含氮杂环化合物（包括吡啶氮、吡咯氮）会进一步聚合成固体炭颗粒[60,61]，导致不同水质中形成的水热炭中含氮官能团存在显著差异。在 $MgSO_4$ 水质中，随着 $MgSO_4$ 浓度的增加，混料水热炭中蛋白氮的相对含量增加，吡啶氮的相对含量降低，这可能是因为 $MgSO_4$ 环境中碱式盐的再固定使原料表面钝化，抑制了原料降解及其水热碳化中间产物之间的交互反应。相反，在 NaCl 水质中，混料水热炭中蛋白氮的相对含量随 NaCl 浓度的增加而降低，其相对含量从 37.73%减少为 28.02%，同时季氮的相对含量从 14.07%增加为 25.69%。这种现象可以解释如下：一方面，CS 水热过程中产生的有机酸促进了 CM 中蛋白质的降解，更加有助于混料降解产物之间的交互反应，使得混料水热炭中的含氮杂环化合物增加[62]；另一方面，NaCl 加速了混料的碳化过程，促使 CS 水解的酚类与吡啶氮发生聚合和缩合反应，其缩聚产物以季氮的形式固定在水热炭中。

3.3.4 含 C 官能团的分布

利用 XPS 表征水热炭颗粒表面碳元素的化学键结构，可以揭示水热炭的分子结构的演化规律[20]。将 XPS 谱图分解为 4 个峰，部分分峰结果如图 3-4 所示，峰位置位于（284.6 eV±0.2）eV、（286.3 eV±0.3）eV、（287.7 eV±0.2）eV 和（288.6 eV±0.2）eV，分别代表脂肪族/芳香族[—C—(C,H)/C═C]，酚、醇或醚基（—C—O），羰基（—C═O）以及羧基、酯或内酯（—COOR）。根据峰面积，获得水热炭颗粒表面含碳官能团的相对含量分布，结果如图 3-5 所示。

3.4 本章小结

水热碳化是有机废弃物提质的有效方法，但其面临的主要难题是耗水量巨大。将海水或工业废水用作制备水热碳化给料的水源，能显著降低淡水资源的消耗，提高水热碳化技术的可持续利用性。然而，海水或工业废水中含有的高浓度盐分对有机废弃物水热碳化的影响仍未探明。

因此，本章选取海水或工业废水中含量较高的 NaCl 和 $MgSO_4$ 作为代表性物质，研究了不同浓度盐分对鸡粪（CM）、玉米秸秆（CS）及其混料水热炭理化特性的影响。结果发现，水源中的盐分会影响有机废弃物的降解、缩合及聚合过程，进而引起水热炭表面结构及化学形态的改变。当水源中的盐分为 $MgSO_4$ 时，原料及水源中碱金属盐的再固定抑制了原料的水解及其降解产物的缩聚反应，导致获得了高产率但低 HHV 的水热炭。与此不同的是，在 NaCl 水质下，水源中的 NaCl 促进了原料水解及二次炭的形成，导致所得水热炭的 HHV 增加，其中 CS 水热炭的 HHV 高达 26.02 MJ/kg。此外，在 NaCl 水质下所得水热炭的芳构化程度更高，其 CH_x/C＝C/C—C 的相对含量增加至 66.68%。本工作研究结果为高盐分废水作为有机废弃物水热碳化过程替代水源的可行性提供了理论依据。

第 4 章　生物质水热碳化过程中木质纤维组分之间的交互反应机理

4.1　本章引言

当水热碳化温度过高时，伴随着加热，给料耗能也显著增加[63]，这会导致水热碳化工艺的净产能（净产能 = 水热炭产能 − 水热工艺耗能）降低。因此，水热碳化温度不宜过高，一般水热碳化温度低于 250 ℃为宜[64]。而水热碳化温度低于 250 ℃时，纤维素和半纤维素的反应剧烈，木质素相对稳定。此外，对于秸秆、稻草等农业废弃物，纤维素和半纤维素是其主要成分。因此，纤维素与半纤维素间的交互反应是生物质水热碳化涉及的主要反应。根据 Sharma 等人[65]的研究，纤维素与半纤维素首先水解为基本单元（葡萄糖和木糖），然后再进行脱水、异构、聚合等反应，因此，一些研究人员常以葡萄糖和木糖为原料，研究纤维素和半纤维素的水热碳化反应机理[66]。例如，Higgins 等人[67]研究发现葡萄糖在水热碳化过程中，通过分子异构和聚合产生了具有核-壳结构的水热炭颗粒。Kang 等人[68]发现 D-木糖水热碳化水解产物主要为糠醛，而糠醛是聚合形成水热炭的重要中间产物。Hu 等人[69]探究了在 180 ℃下葡萄糖和木糖共混水热碳化时的相互作用，发现产生了更多的可溶性聚合物。此外，Xu 等人[70]发现当糠醛与葡萄糖共混水热碳化时，两者交互聚合会产生更多的水热炭颗粒。可见现有研究多是从较为宏观的层面发现了葡萄糖和木

糖交互反应会增加可溶性聚合物以及降低水热炭颗粒的产量这一现象，仍未深入揭示葡萄糖与木糖的交互反应途径以及两者聚合形成水热炭的机理，而掌握水热炭的形成机理对于水热炭的特性调控及开发利用具有重要的科学指导意义。

第 2 章定量分析了污泥与不同农林废弃物的共混水热碳化产物差异。为了从微观角度揭示农林废弃物组分（纤维素和半纤维素）之间交互反应形成水热炭的机理，本章采用葡萄糖和木糖为原料，通过多种分析测试手段，研究水热炭表面官能团特征和水相中有机物成分分布，分析固相化学转化、水相有机物交互聚合反应以及固相和水相分子的化学反应途径，以揭示葡萄糖和木糖的共混水热碳化反应机理。

4.2　材料与方法

4.2.1　实验材料

葡萄糖和木糖购买于上海麦克林生物公司。ACS 分析级的二氯甲烷购买于 Sigma Aldrich Ltd.。

4.2.2　水热碳化实验

水热碳化实验在 1 L 高温高压釜反应器（HT-1000J0，上海霍桐实验仪器有限公司）中进行。反应器内具有搅拌桨和水冷却盘管，衬里由 C276 哈氏合金材料制备。在每次 HTC 实验中，将固体给料与去离子水按 1:10 的质量比例混合，然后加载到反应器中，并机械密封。向反应器内填充氮气约 5 min，排出釜内空气，并使釜内初始压力为 1.2～1.3 MPa，经约 1 h 的检漏后，以约 3 ℃/min 的加热速率加热 HTC 反应器，使其内部温度达到设定值 220 ℃。达到该设定温度后，开始计时。反应结束后，将自来水通入冷却盘管，将反应器迅速冷却至室温。

利用真空过滤装置（滤膜孔径 0.45 μm）实现 HTC 浆料产物的固液分离。利用去离子水，将过滤器上的固体清洗 2 次，之后在 105 ℃环境中干燥 24 h。根据给料和停留时间来区分各工况，标注如 G-1（Glucose，葡萄糖）、X-1（Xylose，木糖）和 G/X-1（Glucose 和 Xylose，葡萄糖和木糖），以 1:1 比例混合的混合物进行水热碳化，停留时间均为 1 h。

4.2.3 分析方法

元素分析、FT-IR、SEM（扫描电子显微镜）、XPS 等测试方法详见第 2.2.4 节。采用 JEM-2100F 场发射透射电子显微镜（TEM）测试水热炭产物。

4.2.4 量子化学计算方法

采用基于量子力学的密度泛函理论（DFT）方法，探究糠醛向苯类物质的转化反应路径。所有的计算均采用 M062X/6-311G(d,p) 水平进行[71]，其广泛用于优化反应物、中间体、过渡态和产物。采用隐式溶剂模型 SCRF＝SMD 模拟 HTC 中水溶剂的影响。反应能垒为反应过程中过渡态与反应物的吉布斯自由能之差。

4.3 不同原料水热炭产物的理化特性

4.3.1 水热炭产率

图 4-1 显示了葡萄糖、木糖以及两者混合物在 220 ℃下的水热炭产率。

显而易见，随着停留时间的增加，葡萄糖、木糖以及两者混合物的水热炭产率均增加。然而，葡萄糖在 0～0.5 h 时表现出较快的聚合成炭

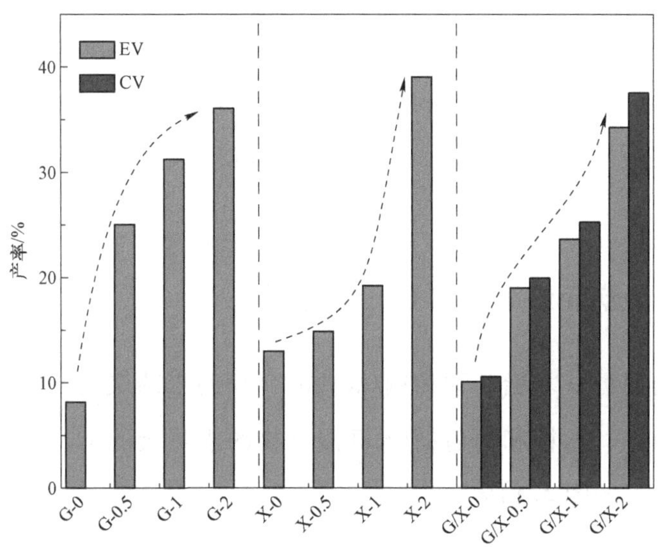

图 4-1　葡萄糖、木糖以及两者混合物在 220 ℃下水热碳化的水热炭产率

速率，0.5 h 时水热炭产率可达 25.02%；而木糖在 0～1 h 时聚合成炭速率较缓慢，而在 1～2 h 时水热炭的产率快速增加，反应 2 h 时水热炭产率可达 39.04%。水热反应在 0～1 h 时葡萄糖水热炭增长较快是因为葡萄糖降解生成的主要物质 5-HMF 比木糖降解生成的主要物质 FF 具有更多的活性反应位点，如羟基等，更容易聚合产生水热炭[72]。而随着停留时间从 1 h 增加至 2 h，木糖水热炭产率显著增加，其主要原因是水相中的糠醛、呋喃类物质以及糠醛产生的苯类物质与水热炭表面的结合位点反应固定在水热炭上，使水热炭产率增加。

而葡萄糖和木糖共混水热碳化时，水热炭的实际产率均低于计算产率（以两种组分单独水热碳化的实验值按两者质量比例的线性计算值作为理论产率），且随着停留时间的增加，实验值与计算值的差值更大，当停留时间从 0 h 增加至 2 h，葡萄糖和木糖在水热炭产率的 IC 值从 −4.26% 降低至 −8.76%，表明葡萄糖和木糖在水热炭产率上表现出拮抗作用。这可能是因为当木糖与葡萄糖共混后，烯烃物质增多（从水相有机成分结果可知），进而可产生更多的乙烯，而乙烯可以与呋喃类物质（木糖生成的糠醛发生脱羰基反应生成呋喃）进一步反应，并生成了更多的苯类物质（Benzene,1,3-dimethyl-、p-Xylene）[73]，这些物质因为缺少羟基、羰基和羧基等反应活性官能团，发生聚合的难度偏大，从而使水热炭的生成量降低。

4.3.2 水热炭元素组成和 C/O 原子比

根据葡萄糖、木糖和葡萄糖/木糖混合物的水热炭的元素分析结果，绘制了葡萄糖、木糖和葡萄糖/木糖混合物的水热炭的 C、O 元素含量和 C/O 原子比，如图 4-2 所示。

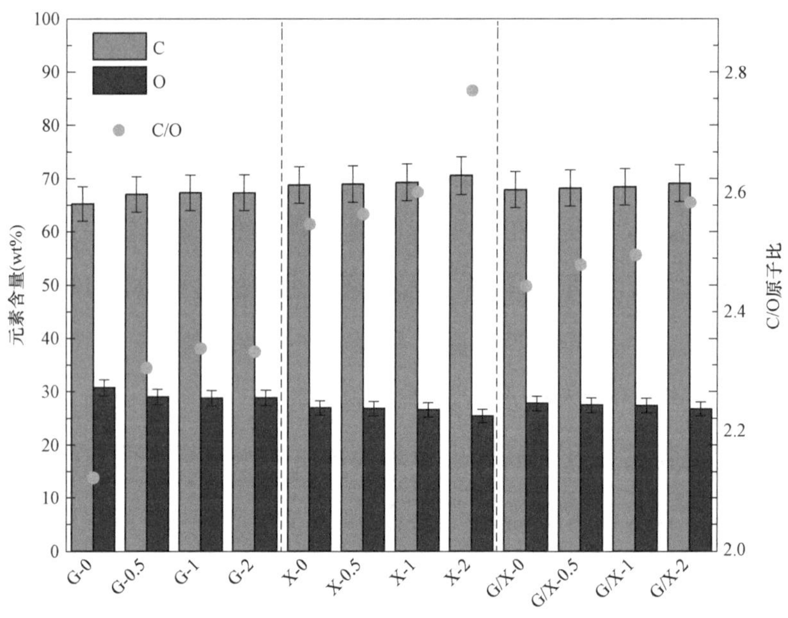

图 4-2　葡萄糖、木糖以及葡萄糖/木糖混合物在 220 ℃下的水热炭的 C、O 元素含量以及 C/O 原子比

由图 4-2 可知，随着停留时间的增加，从葡萄糖得到的水热炭显示出 C 含量从 65.22%（CS）增加到 67.32%（HC），同时，O 含量从 30.71%（CS）下降到 28.81%（HC），表明碳化程度随着停留时间的增加而增加。

这一现象与从木糖和葡萄糖/木糖混合物得到的水热炭的现象相同。此外，从木糖得到的水热炭的 C/O 原子比高于从葡萄糖得到的水热炭。这一现象可以解释为更多的木糖通过 HTC 过程产生的苯类物质参与了聚合反应形成水热炭，从而提高了水热炭的碳化程度。在葡萄糖和木糖 Co-HTC 的情况下，水热炭的 C/O 原子比的 EV 高于 CV，表明葡萄糖和木糖 Co-HTC 在碳化程度上表现出协同效应。

4.3.3　水热炭表面官能团

图 4-3 显示了葡萄糖、木糖以及两者混合物的水热炭的 FT-IR 光谱。吸收特征峰包括 C—H 弯曲振动峰（750～875 cm^{-1}）、C—O 吸收峰（1 024 cm^{-1}）、C═C 拉伸振动峰（1 515 cm^{-1} 和 1 605 cm^{-1}）、C═O 吸收峰（1 700 cm^{-1}）、C—H 吸收峰（2 923 cm^{-1}）和 O—H 吸收峰（3 200～3 500 cm^{-1}）[74,75]。

图 4-3（a）与图 4-3（b）表现出 750～800 cm^{-1} 的谱带随着停留时间的增加有增强的趋势，这表明时间的增加使葡萄糖和木糖水热炭的芳构

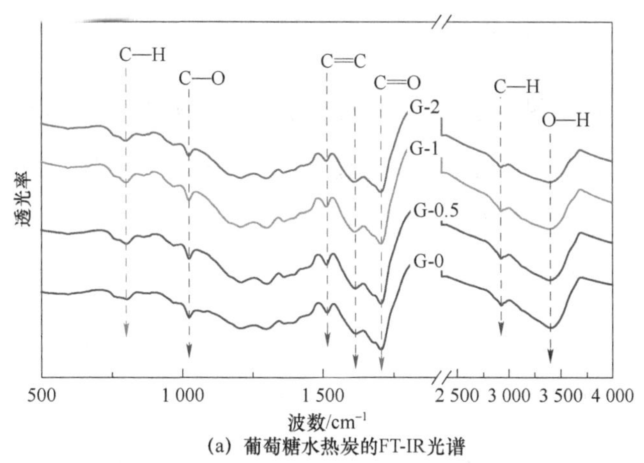

(a) 葡萄糖水热炭的FT-IR光谱

图 4-3　葡萄糖、木糖以及两者混合物水热炭的 FT-IR 光谱

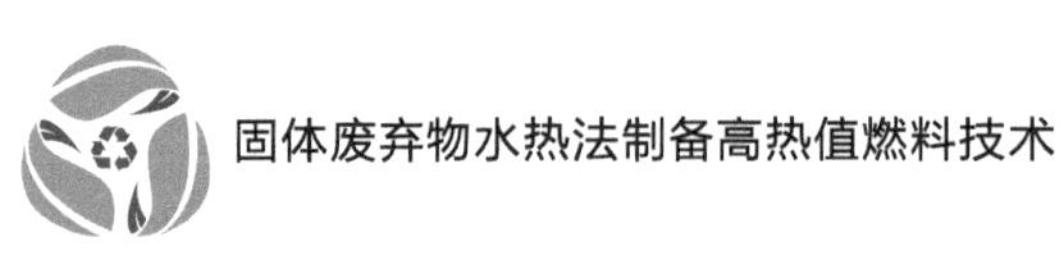

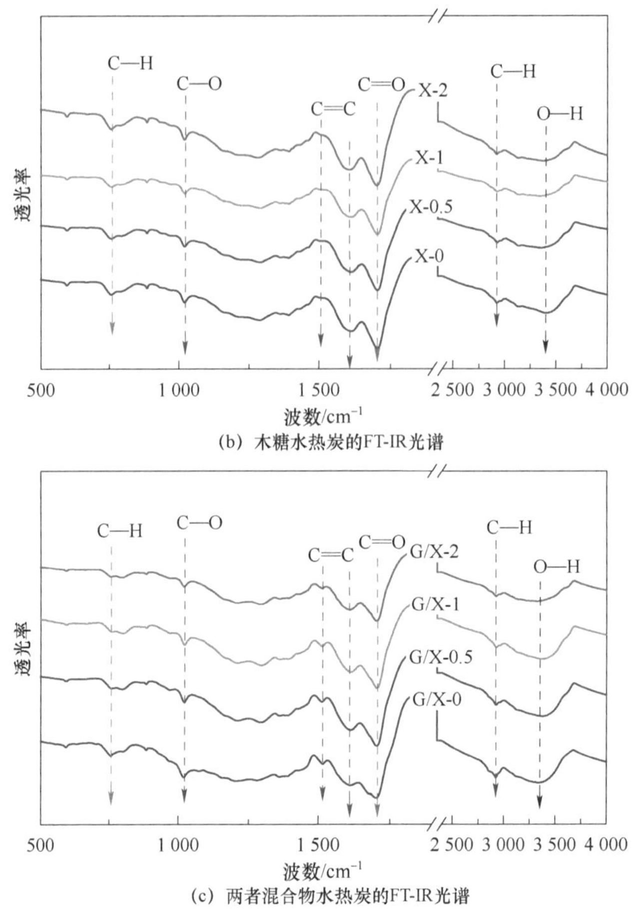

(b) 木糖水热炭的FT-IR光谱

(c) 两者混合物水热炭的FT-IR光谱

图 4-3　葡萄糖、木糖以及两者混合物水热炭的 FT-IR 光谱（续）

化程度增强。但在图 4-3（c）中两者混合物水热炭的这种趋势不显著，它的芳构化规律将在第 4.3.4 节通过 XPS 手段进行分析。C—O 吸收峰随着停留时间的增加呈现降低的趋势，表明 C—O 官能团在水热反应过程中逐渐减少。类似地，O—H 吸收峰强度随着停留时间的增加也呈现降低的趋势，这主要是因为水热碳化过程中形成的炭颗粒会发生分子内脱水和酮-烯醇互变异构等反应，使得羟基被脱除而减少。此外，C═C 拉伸振动峰是因为水热炭的前驱体，即芳香类物质（酚类和苯类等）与呋喃类物质引起的。

4.3.4　含 C 官能团的分布

利用 XPS 表征水热炭颗粒表面碳元素的化学键结构，可以揭示水热炭的分子结构的演化规律[20]。将 XPS 谱图分解为 4 个峰，部分分峰结果如图 4-4 所示，峰位置位于（284.6 eV±0.2）eV、（286.3 eV±0.3）eV、（287.7 eV±0.2）eV 和（288.6 eV±0.2）eV，分别代表脂肪族/芳香族[—C—(C,H)/C═C]，酚、醇或醚基（—C—O），羰基（—C═O）以及羧基、酯或内酯（—COOR）。

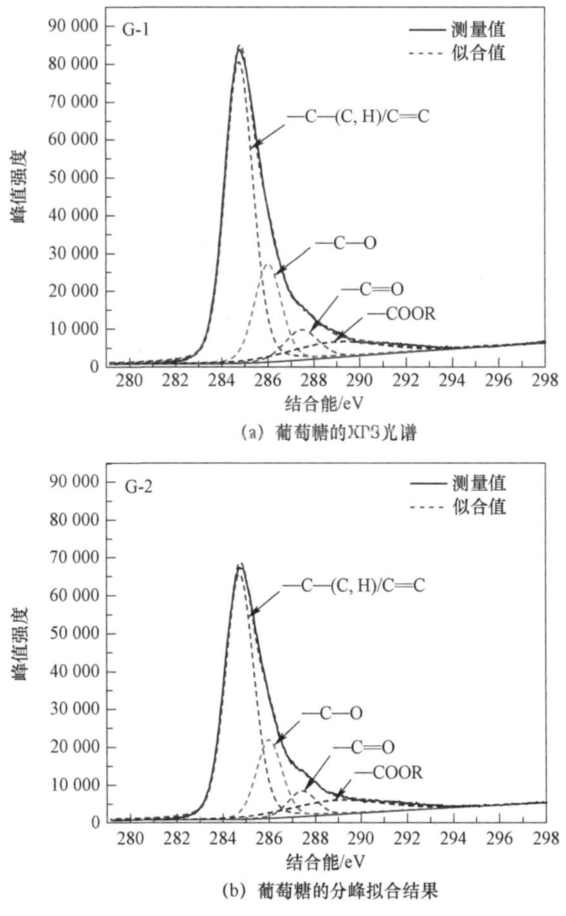

(a) 葡萄糖的XPS光谱

(b) 葡萄糖的分峰拟合结果

图 4-4　葡萄糖、木糖、两者混合物的 XPS 光谱和它们的分峰拟合结果

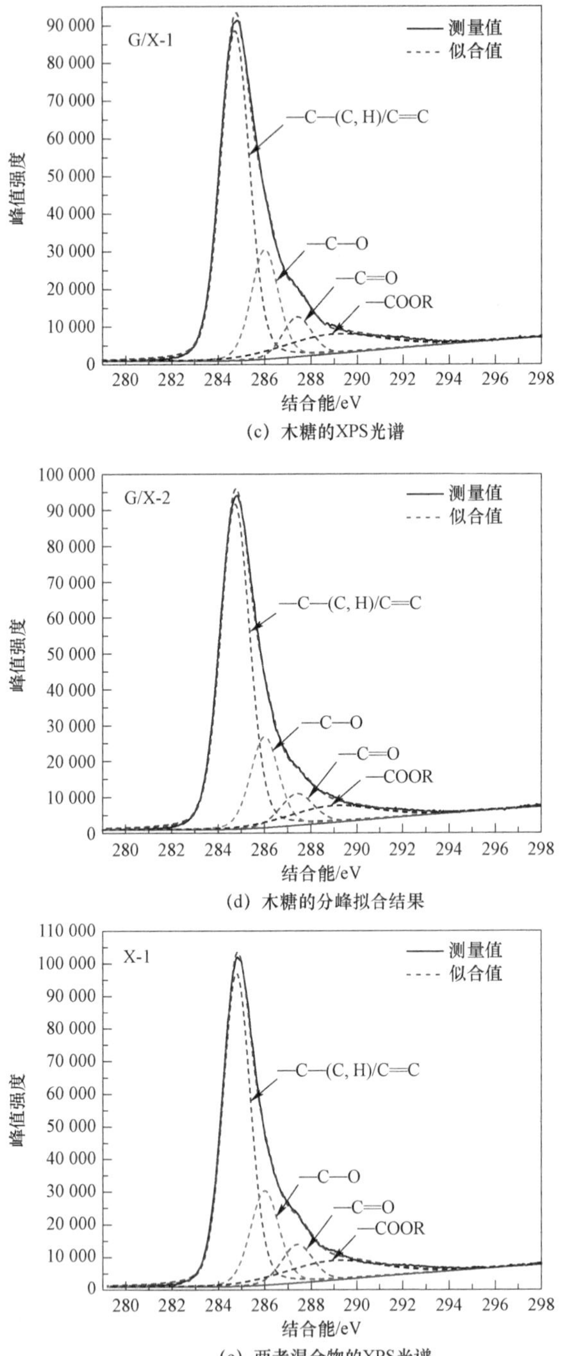

（c）木糖的XPS光谱

（d）木糖的分峰拟合结果

（e）两者混合物的XPS光谱

图 4-4　葡萄糖、木糖、两者混合物的 XPS 光谱和它们的分峰拟合结果（续）

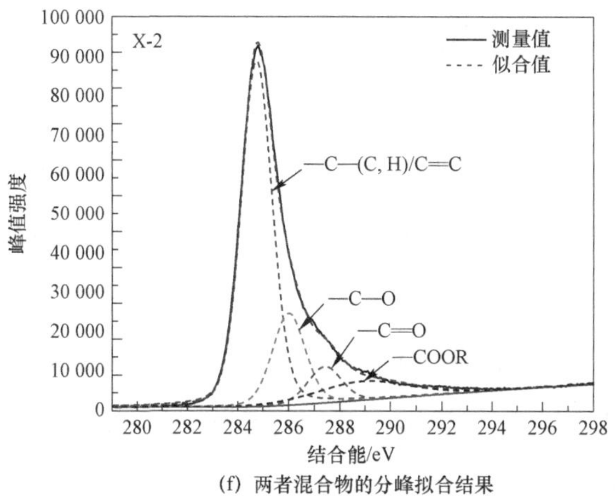

(f) 两者混合物的分峰拟合结果

图 4-4　葡萄糖、木糖、两者混合物的 XPS 光谱和它们的分峰拟合结果（续）

根据峰面积，获得水热炭颗粒表面含碳官能团的相对含量分布，结果如图 4-5 所示。

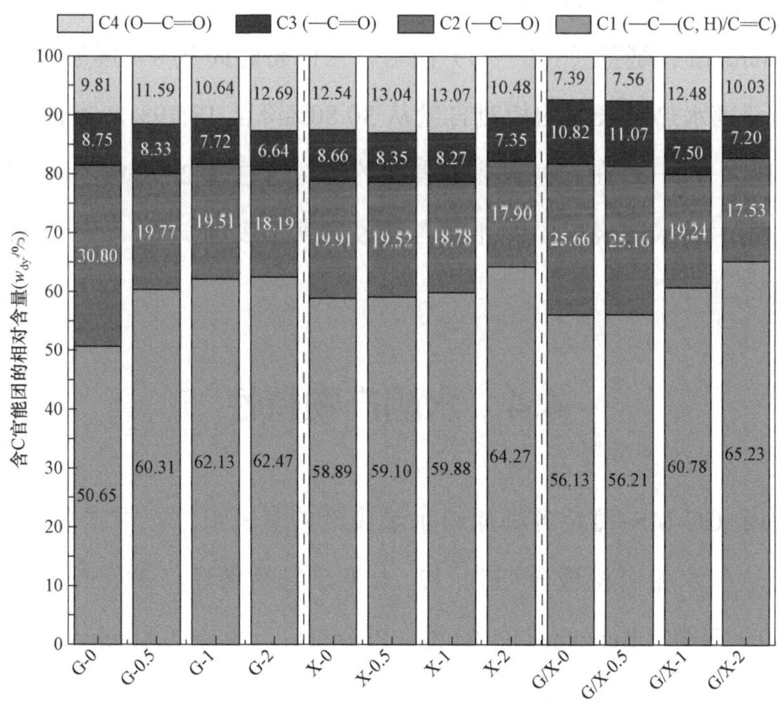

图 4-5　葡萄糖、木糖和两者混合物水热炭的含 C 官能团的相对含量分布

水热炭的含碳官能团以—C—(C,H)/C═C 和—C—O 为主。停留时间从 0 h 增加至 2 h，葡萄糖水热炭表面—C—(C,H)/C═C 的相对含量从 50.65%增加至 62.47%，木糖水热炭从 58.89%增加至 64.27%，而两者混合物水热炭从 56.13%增加至 65.23%，反映出水热炭的芳构化程度随着停留时间的增加而增加。这主要是因为随着停留时间的增加，水热炭固相分子持续发生脱水、缩合和酮-烯醇互变异构反应[76]，使颗粒的芳构化程度增加，同时水热水相中更多的苯环类物质（如 Benzene,1,3-dimethyl-、p-Xylene 和 Ethylbenzene 等）与水热炭颗粒表面的羰基、羧基发生缩聚，增加了炭表面的脂肪族和芳香族碳的含量。值得注意的是，葡萄糖水热炭的芳构化程度在 0～0.5 h 之间增加明显，而木糖水热炭在 1～2 h 之间表现出比较剧烈的芳构化进程，两者混合物水热炭在 0.5～2 h 之间表现出芳构化程度持续增加的规律。

对酚、醇、醚基（—C—O）而言，当停留时间从 0 h 增加至 2 h，它们在葡萄糖水热炭表面的相对含量从 30.80%降至 18.19%。类似地，酚、醇、醚基（—C—O）在混糖水热炭表面的相对含量从 25.66%降至 17.53%。然而，在木糖水热炭表面的相对含量没有明显变化。这一结果与 FT-IR 结果相符。

4.4 水相产物特性

利用 GC-MS 测定各种原料水热废液的有机组分，根据分子结构特征，将这些水相有机成分归为 12 大类，包括烯烃（Alkene）、呋喃类（Furan）、苯类（Benzenes）、酚类（Phenols）、醛类（Aldehydes）、酮类（Ketones）、酸类（Acids）、醇类（Alcohols）、酯类（Esters）、炔类（Alkynes）、烷烃（Alkanes）和其他（Others），各类成分的相对含量如图 4-6 所示。

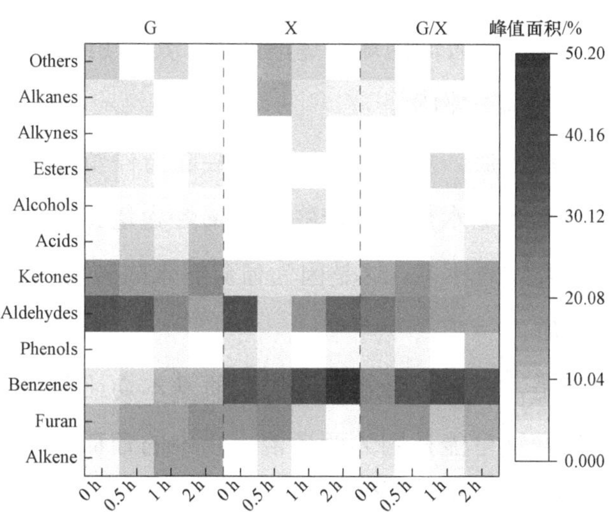

图 4-6　葡萄糖、木糖以及两者混合物的水热水相产物的有机物组成

由图 4-6 可知，葡萄糖、木糖和两者混合物水热水相产物中的有机成分存在一定相似性。但酮类、醛类、烯烃和苯类的相对含量随停留时间的增加表现出差异性的变化规律。

葡萄糖水热反应水相产物里含有较多的酮类物质，停留时间从 0.5 h 增加至 2 h，酮类物质的相对含量从 16.21%增加至 21.31%。在葡萄糖水热反应初期 9-氧杂双环[6.1.0]非-6-烯-2-酮（9 Oxabicyclo[6.1.0]non-6-en-2-one）是主要的酮类物质，随着停留时间从 0.5 h 增加至 2 h，9-氧杂双环[6.1.0]非-6-烯-2-酮的相对含量从 8.10%显著减少至 0.77%。而木糖水热水相产物中含有的酮类物质较少，且未发现 9-氧杂双环[6.1.0]非-6-烯-2-酮。当葡萄糖与木糖共混后，其他酮类物质增多，如 3,4-Dihydroxyacetophenone、2,5-Hexanedione 和 3-Methylcyclopentane-1,2-dione 等。

葡萄糖和木糖水相产物中主要的醛类物质分别为 5-HMF 和 FF。随着水热停留时间的增加，葡萄糖转化形成的醛类物质逐渐降低，木糖水热水相产物中醛类物质没有显著的变化规律。两者混合物水热水相产物中的醛类物质也随停留时间的增加逐渐降低，其中 FF 减少较显著，说明 FF 可能转化为其他醛类物质。

葡萄糖水热反应后，水相产物中的烯烃随着停留时间的增加而明显增多，且普遍高于木糖水热水相产物中的烯烃含量。此外，葡萄糖水热碳化后产生的苯类物质不多，这是因为葡萄糖水热转化形成的 5-HMF 较难转化为苯类物质。

值得注意的是，两者混合物的苯类物质基本均比两种单一糖结果的线性计算值更高，这可能是因为两者混合物中的葡萄糖水热反应产生了更多的烯烃，烯烃可以通过一系列裂解反应生成乙烯，而乙烯与 FF 反应，促进了苯类物质的生成。（乙烯与 FF 反应生成 p-Xylene 和 Benzene,1,3-dimethyl-的反应路径，可参考图 4-8）。这反映出葡萄糖和木糖在水热碳化时存在显著的交互反应。此外，根据图 4-6 的 GC-MS 结果，两者混合物水热水相产物的成分分布是区别于木糖和葡萄糖的，并且不是两者结果的线性累加，这也说明了葡萄糖和木糖在酮类、醛类、烯烃和苯类等组分的生成过程中表现出交互影响。

4.5 葡萄糖、木糖和两者共混形成水热炭的反应机理

葡萄糖、木糖和两者混合物水热碳化形成水热炭的过程包括水相分子聚合成核、水热炭颗粒生长、固相核心区芳构化等步骤。

4.5.1 水相分子聚合成核过程

图 4-7 给出了葡萄糖、木糖和两者混合物在水热碳化过程中的聚合成核过程。

葡萄糖首先通过开环、三次脱水、闭环等过程生成 5-HMF[77]。之后，5-HMF 经过聚合形成不溶性呋喃类低聚物，最终形成有机微核，如图 4-7

(a) 所示。而木糖通过开环、三次脱水、闭环等过程生成 FF[78]，FF 经过聚合形成不溶性呋喃类低聚物，最终形成木糖微核，如图 4-7 (b) 所示。当葡萄糖和木糖共混水热碳化后，水相中同时存在 5-HMF 和 FF。其中，FF 稳定性较差，导致发生脱羰基反应生成呋喃和一氧化碳。此外，水相中烯烃物质增多产生了更多的乙烯，而乙烯与糠醛生成的呋喃类物质进一步反应生成了更多的苯类物质（Benzene,1,3-dimethyl-、p-Xylene）[73]，该反应过程如图 4-8 所示。苯类物质可以与 5-HMF 发生脱水反应，聚合形成苯-呋喃可溶性聚合物，并在与 FF、5-HMF 和苯类物质不断的缩合过程中形成苯-呋喃不溶性聚合物，即形成有机微核，如图 4-7 (c) 所示。

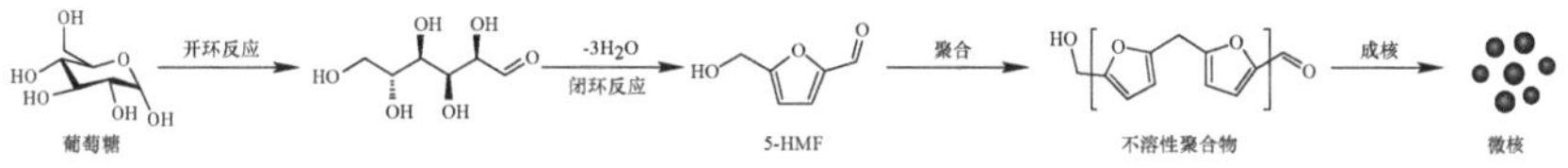

(a) 葡萄糖在水热碳化时的聚合成核过程

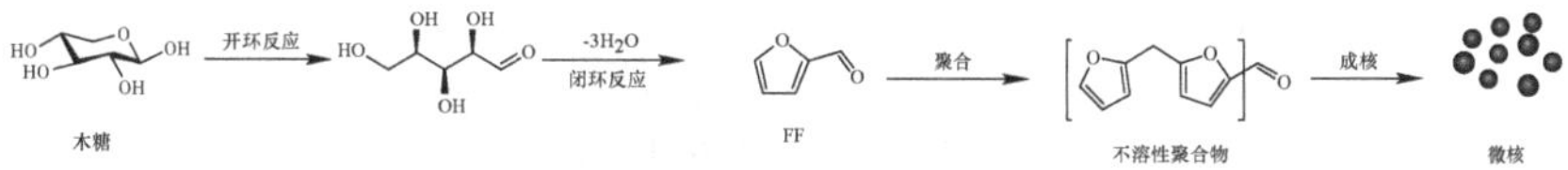

(b) 木糖在水热碳化时的聚合成核过程

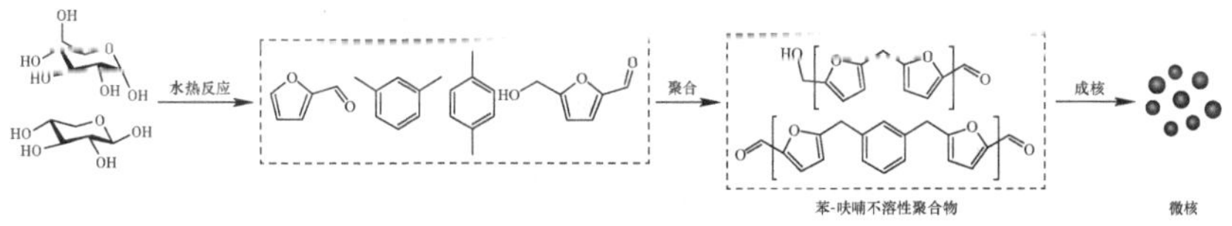

(c) 两者混合物在水热碳化时的聚合成核过程

图 4-7 葡萄糖、木糖和两者混合物在水热碳化时的聚合成核过程

如图 4-8 (b) 所示，糠醛分解产生的呋喃先与 CH_3OH 发生烷基化反应，两次烷基化的能垒基本相同，约为 426.48 kJ/mol，最终生成 2,5-二甲基呋喃 (2,5-Dimethylfuran)。紧接着，2,5-Dimethylfuran 与乙烯发生加成反应生成 IM1-3，再经过三次中间反应脱水形成 p-Xylene，该过程反应步骤较多，是 FF 形成苯类物质的主要限速反应。图 4-8 (c) 给出了另一

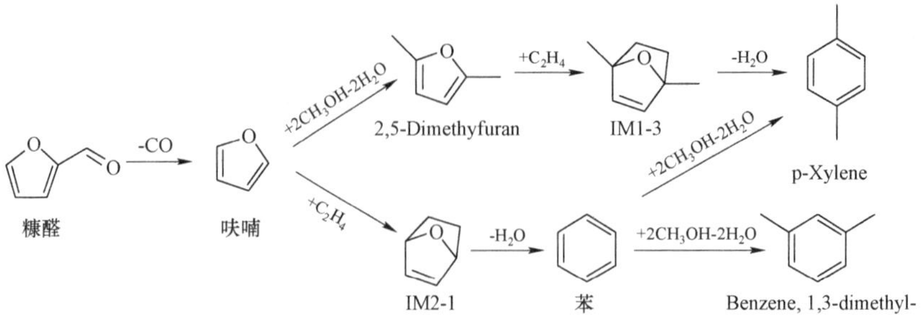

(a) 由糠醛向苯类物质转化的两条可能的反应路径

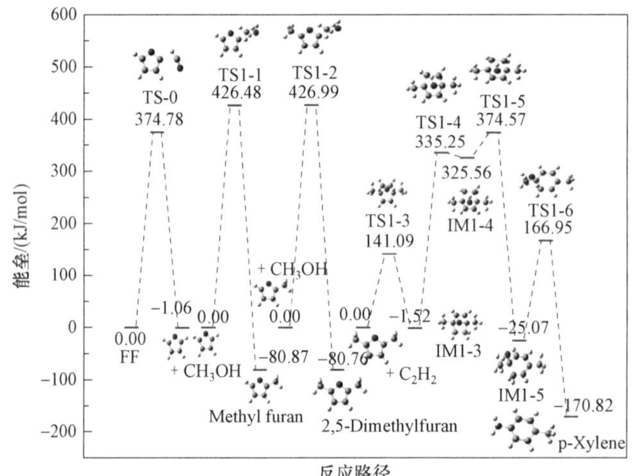

(b) 第一条反应路径对应的能量折线图

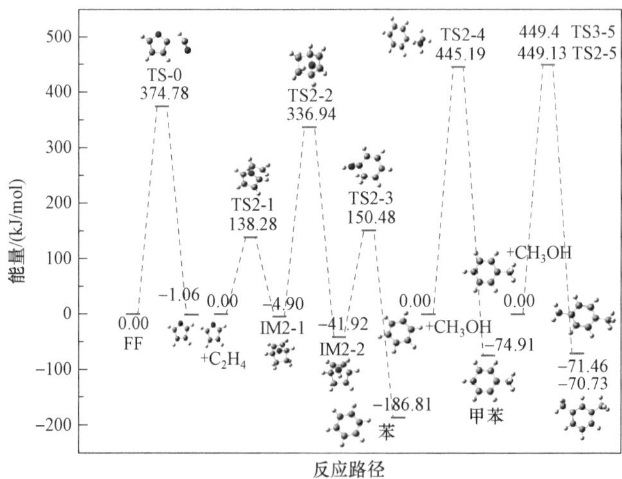

(c) 第二条反应路径对应的能量折线图

图 4-8 由糠醛向苯类物质转化的两条可能的反应路径和其对应的能量折线图

条反应路径，即呋喃优先与 C_2H_2 发生加成反应生成 IM2-1，紧接着继续发生脱水反应生成苯，苯进一步与 CH_3OH 在不同位置发生烷基化反应，可以形成 p-Xylene 或者 Benzene,1,3-dimethyl-。值得注意的是，第二条反应路径的烷基化反应比第一条反应路径难进行，需要克服更高的能垒进行反应。但由于第一条反应路径 2,5-Dimethylfuran 的甲基对脱水反应影响较大，而第二条反应路径呋喃先发生脱水反应，不存在甲基的影响，所以第二条反应路径的呋喃容易发生脱水反应生成苯，使反应步骤缩短。以上反应过程表明，在水热碳化过程中，糠醛通过一系列反应生成 p-Xylene 和 Benzene,1,3-dimethyl-等苯类物质。较多的 FF 向苯类物质转化是导致苯类物质成为参与聚合过程的主要反应物的重要原因。

4.5.2 水热炭颗粒生长过程

图 4-9 给出了葡萄糖、木糖和两者混合物在水热碳化初期形成的有机微核的生长过程。

如图 4-9（a）所示，葡萄糖水热转化生成的 5-HMF 通过加水开环反应生成 2,5-dioxo-6-hydroxyhexanal（DHH）[79]，而 DHH 可作为连接单元，一端与 5-HMF 反应，而另一端与水热炭表面的反应位点发生成键反应，从而将 5-HMF 固定在水热炭表面，并使有机微核不断生长形成水热炭颗粒。相比而言，木糖水热转化生成的 FF 通过加水开环反应和酮-烯醇互变异构生成的连接单元为 2-oxopentanedial[80]，如图 4-9（b）所示。木糖水热初期形成的有机微核的表面分子经过水相中的有机酸催化开环形成新的反应位点。有机微核表面的反应位点可以与 2-oxopentanedial 反应，使得与 2-oxopentanedial 相连接的呋喃类聚合物固定在有机微核表面；同时，有机微核表面的反应位点还可以与 FF 转化形成的苯类物质发生脱水反应，使苯类物质固定在水热炭颗粒表面。经过上述两方面反应途径，木糖有机微核不断生长形成水热炭颗粒。当葡萄糖和木糖共混水热碳化时，水相中同时存在 5-HMF、FF、苯类物质、DHH 和 2-oxopentanedial，如图 4-9（c）所示。这些物质彼此发生反应，之后通过水热炭表面的结合位点固定在水热炭颗粒表面，最终使水热炭颗粒长大。

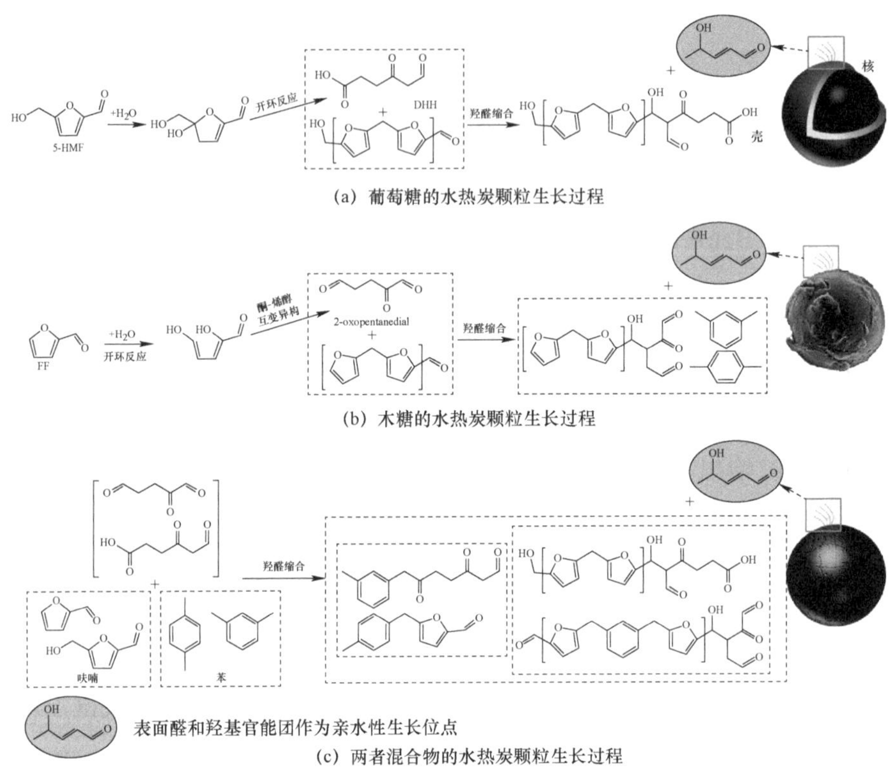

(a) 葡萄糖的水热炭颗粒生长过程

(b) 木糖的水热炭颗粒生长过程

(c) 两者混合物的水热炭颗粒生长过程

图 4-9　葡萄糖、木糖和两者混合物的水热炭颗粒生长过程

由于葡萄糖、木糖和两者混合物水热炭成核与生长过程涉及的反应物质不同，3 种糖源水热炭颗粒表现出了显著不同的微观形貌，如图 4-10 所示。

从图 4-10（a）中可以看到，葡萄糖水热炭表面光滑，木糖水热炭呈现出褶皱表面，而两者混合物水热炭表面相对光滑，但也存在局部凸起。图 4-10（b）进一步给出了停留时间为 0.5 h 时 3 种糖源水热炭的 TEM 形

貌。与 SEM 的结果相同，葡萄糖水热炭表面光滑，并存在清晰的壳与核的界面；而木糖水热炭在 TEM 中也出现了褶皱表面，不存在明显的壳与核的分界面；两者混合物水热炭因为更多的苯类物质参与成核和生长过程，其颗粒相比于葡萄糖和木糖的水热炭颗粒更致密，未出现核壳结构。

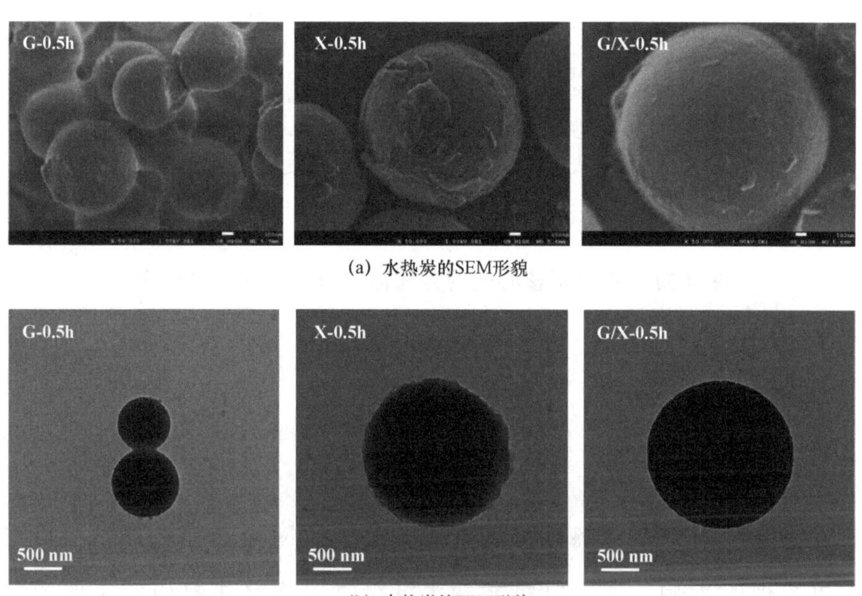

(a) 水热炭的SEM形貌

(b) 水热炭的TEM形貌

图 4-10　水热炭的微观形貌

4.5.3　固相核心区的芳构化过程

葡萄糖、木糖和两者混合物在水热炭生长过程中，水热炭核心部分均会发生脱水反应和酮-烯醇互变异构反应，如图 4-11（a）和图 4-11（b）所示[81]。此外，核心区的活性含氧基团会随着水热炭的生长而逐渐形成稳定的醚、醌等基团[82]。Higgins 等人[67]认为水热炭核心区的缩合反应会导致呋喃间 α-碳芳基连接单元的缩短，以及呋喃间 β-碳连接的形成[83]，最终增加水热炭核心区的芳香化程度，如图 4-11（c）所示。

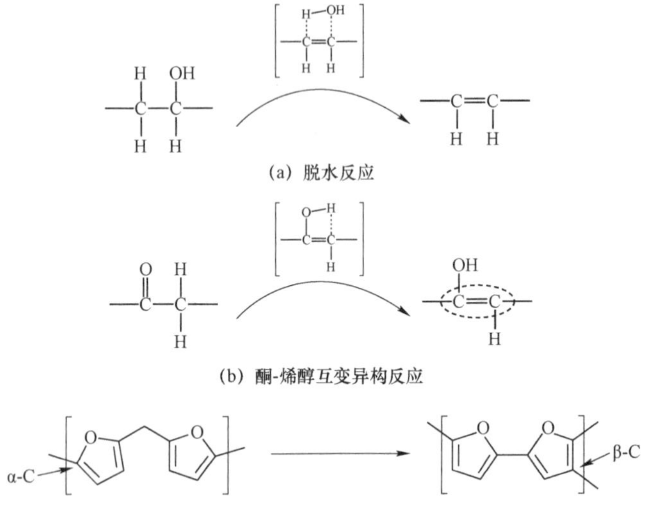

(a) 脱水反应

(b) 酮-烯醇互变异构反应

(c) 呋喃间β-碳连接的形成

图 4-11 水热炭核心区的芳构化过程涉及的主要反应

4.6 本章小结

木质纤维组分在水热碳化过程中的交互反应对固体产物燃料特性具有不可忽视的影响。鉴于纤维素和半纤维素是农林生物质的主要成分，本章采用实验与分子模拟计算相结合的方法，研究了纤维素和半纤维素（分别以葡萄糖和木糖为代表）在水热碳化过程中的交互反应，探讨了水热炭的形成机理。本章研究的具体结果如下。

（1）木糖水热反应产生的糠醛会转化产出较多的苯类物质，而葡萄糖水解产物中的苯类物质较少。

（2）当葡萄糖和木糖共混水热碳化时，水相中烯烃物质增多并裂解产出了更多的 C_2H_2，而 C_2H_2 与糠醛产生的呋喃发生反应形成了更多的苯类物质。苯类物质反应活性较差，聚合形成的水热炭减少导致葡萄糖和木糖在水热炭产率方面表现出拮抗作用。

（3）共混水热碳化水相中 5-羟甲基糠醛（5-HMF）也较多。5-HMF 与苯类物质和糠醛均可以发生聚合反应，形成呋喃-苯不溶性低聚物，逐步形成微核。之后，5-HMF、糠醛和苯类物质通过微核表面的结合位点固定在其表面，最终使水热炭颗粒长大。

（4）呋喃-苯的聚合增加了共混水热炭的芳构化程度，有助于改善水热炭的能量密度。

第 5 章　蛋白质与碳水化合物共混水热碳化过程中的交互反应机理

5.1　本章引言

对于有机固废组分中的蛋白质和碳水化合物而言，两者存在复杂的交互反应现象。一些文献报道了相关的交互反应过程。例如，Madsen 等人[84]给出了碳水化合物和蛋白质在水热液化条件下反应生成吡嗪的反应途径，认为氨基酸本身以及碳水化合物和氨基酸反应均可产生吡嗪。Nie 等人[85]认为美拉德反应涉及 3 个阶段：第一阶段涉及糖胺缩合和 Amadori 重排得到 Amadori 产物；第二阶段涉及糖的脱水和碎裂以及氨基酸降解；在最后的褐变阶段，中间体的聚合形成的有色聚合物，称为类黑素，其中最后阶段涉及的主要反应是醛醇缩合、醛-胺聚合，形成氮杂环化合物。了解 SS 与其他有机固废共混 HTC 过程中的氮转化途径对于开发合适的水热炭燃料以及控制含氮污染物排放具有重要意义。

因此，有必要明确蛋白质与碳水化合物在水热碳化条件下的交互反应机理，探究共混水热炭的形成机制。

5.2　材料与方法

5.2.1　实验材料

葡萄糖和木糖、大豆分离蛋白（SP）购买于上海麦克林生物公司。

ACS 分析级的二氯甲烷购买于 Sigma Aldrich Ltd.。

5.2.2　Co-HTC 实验

Co-HTC 实验在 1 L 高温高压釜反应器（HT-1000J0，上海霍桐实验仪器有限公司）中进行。反应器内具有搅拌桨和水冷却盘管，衬里由 C276 哈氏合金材料制备。在每次 HTC 实验中，将固体给料与去离子水按 1:10 的质量比例混合，然后加载到反应器中，并机械密封。向反应器内填充氮气约 5 min，排出釜内空气，并使釜内初始压力为 1.2～1.3 MPa，经约 1 h 的检漏后，以约 3 ℃/min 的加热速率加热 HTC 反应器，使其内部温度达到设定值 220 ℃。达到该设定温度后，开始计时。反应结束后，将自来水通入冷却盘管，将反应器迅速冷却至室温。

利用真空过滤装置（滤膜孔径 0.45 μm）实现 HTC 浆料产物的固液分离。利用去离子水，将过滤器上的固体清洗 2 次，之后在 105 ℃环境中干燥 24 h。根据给料和停留时间来区分各工况，标注如 G-1、X-1、SP-1 和 G/SP-1，分别表示葡萄糖、木糖、大豆分离蛋白以及葡萄糖和大豆分离蛋白以 1:1 混合进行水热碳化，1 表示停留时间为 1 h。

5.2.3　分析方法

元素分析、FT-IR、SEM、XPS 等测试方法详见第 2.2.4 节。TEM 测试详见 3.2.3 节。

5.3　实验结果与讨论

5.3.1　水热炭产率和水相 pH

图 5-1 显示了葡萄糖、葡萄糖/大豆分离蛋白混合物（G/SP）、大豆分

离蛋白、木糖以及木糖/大豆分离蛋白混合物（X/SP）在 220 ℃下的水热炭产率。

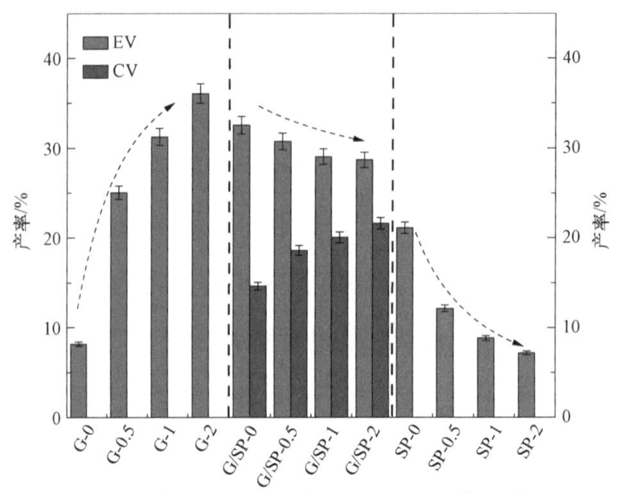

(a) 葡萄糖、G/SP、大豆分离蛋白在220 ℃下的水热炭产率

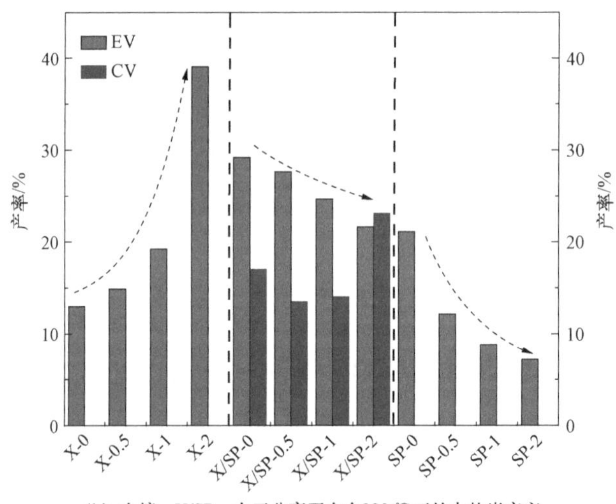

(b) 木糖、X/SP、大豆分离蛋白在220 ℃下的水热炭产率

图 5-1　220 ℃下的水热炭产率

由图 5-1(a)可知，在停留时间为 0 h 时，SP 的水热炭产率为 21.10%，暗示着在加热过程中蛋白质已经发生水解和部分有机成分发生聚合反应。随着停留时间从 0 h 增加至 2 h，SP 的水热炭产率从 21.10%降低到

7.15%。这表明停留时间的增加促进了 SP 水热炭进一步的脱水、脱氨基、环化和芳构化，最终导致水热炭产率降低。当 SP 与葡萄糖共混后，随着停留时间从 0 h 增加到 2 h，水热炭产率从 32.55%降低至 28.70%，IC 值从 1.22 降低至 0.33，表明掺混葡萄糖后 G/SP 在水热炭产率中表现出协同作用。同时，这一结果表明共混水热碳化增加了水热炭产率，与第 2 章中污泥与 CS（PS）共混水热碳化所得结果一致。两者在水热炭产率表现出的协同作用一方面是因为 SP 的水解产物中具有强碱性的氨基氮，其与葡萄糖的水解部分酸性产物（乙酸、乳酸、甲酸、丙酸、其他有机酸）发生脱水反应，且更多的酸性物质产生，使水相的碱性变为酸性（不同水热工艺下水相中 pH 在图 5-2 中给出），而酸性环境对氨基酸间的成环反应具有促进作用，最终导致聚合所需的反应物质（吡咯类和哌嗪类物质）显著增加；另一方面是因为两者共混后水热水相中的酸性相比于葡萄糖水相明显变弱，酸性的催化作用降低抑制了葡萄糖深度分解为小分子有机物和气体产物（如 CO、CH_4 等），导致更多的聚合中间体被保留，且 5-HMF 还可以通过与水相中溶解的氨（通过脱氨基反应生成）反应形成吡咯和吡啶等聚合中间体，最终增加了水热炭产率。Zhang 等人[86]也给出了相同的解释。值得注意的是，G/SP 在水热炭产率方面的相互作用系数会随着停留时间的延长而减小，这可能是因为随着停留时间的延长，水相中的酸性逐渐减弱，降低了美拉德反应的反应速率，导致水热炭产率降低，如图 5-2 所示。

由图 5-1（b）可知，当 SP 与木糖共混水热反应时，随着停留时间从 0 h 增加到 2 h，水热炭产率从 29.20%降低至 21.61%，而 IC 值由 0.71 变为 −0.06，表明掺混木糖后 X/SP 的水热炭产率在反应初期表现出协同作用。然而，随着停留时间的增加，协同作用逐渐减弱甚至变为抑制作用。在反应初期的协同作用与掺混葡萄糖的原因相同。然而，随着停留时间的增加，除了酸性的影响外，苯类物质也逐渐减少（从图 5-10 中可以发现）[73]，说明在反应后期聚合中间体的变少影响了共混水热炭产率，表现出抑制作用。

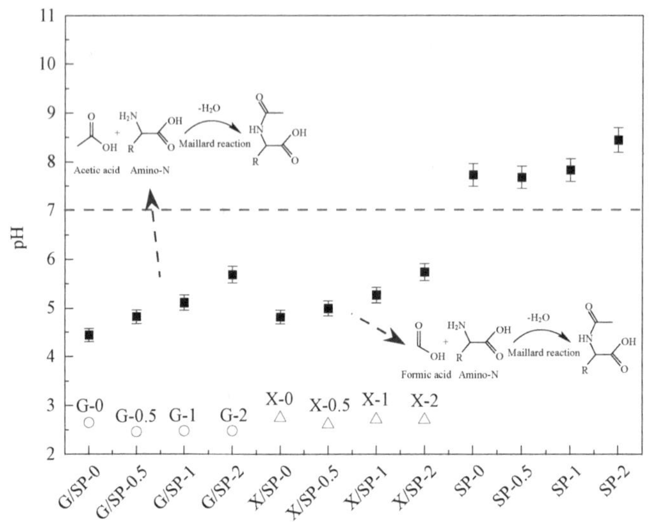

图 5-2　葡萄糖、G/SP、木糖、X/SP 水热水相的 pH

5.3.2　不同原料的水热炭产物的理化特性

1. 水热炭表面官能团的演变

图 5-3 显示了 SP、G/SP 和 X/SP 水热炭的 FT-IR 光谱。特征吸收峰包括 C—O 吸收峰（1 024 cm^{-1}），$C—N_{amide\ III}$吸收峰（1 235 cm^{-1}），C═C 拉伸振动峰（1 515 cm^{-1} 和 1 605 cm^{-1}），$C—N_{amide\ I}$吸收峰（1 650 cm^{-1}），C—H 吸收峰（2 923 cm^{-1}）和 O—H、$N—H_{amide\ II}$ 吸收峰（3 200～3 500 cm^{-1}）[74,75]。

在大豆分离蛋白水热碳化过程中，随着停留时间的增加，在 1 024 cm^{-1} 处开始出现 C—O 吸收峰。这可能是因为停留时间增加导致氨基酸通过脱氨基作用等产生了非含氮有机分子，这些分子通过环化、缩聚等反应产生呋喃类物质，并与水相中不溶性聚合物通过亲电取代反应

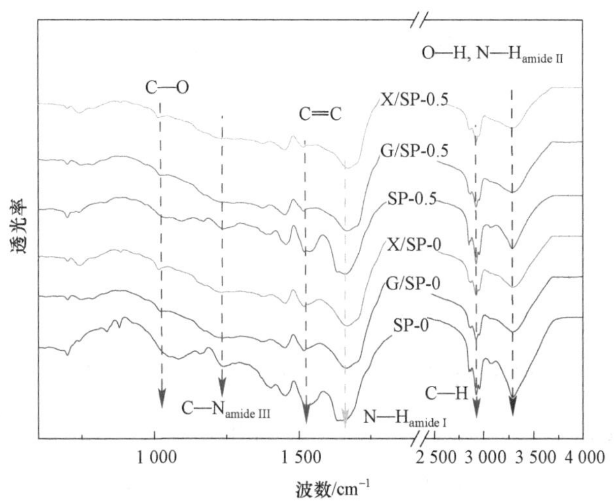

(a) 0 h、0.5 h时大豆分离蛋白、G/SP和X/SP水热炭的FT-IR光谱

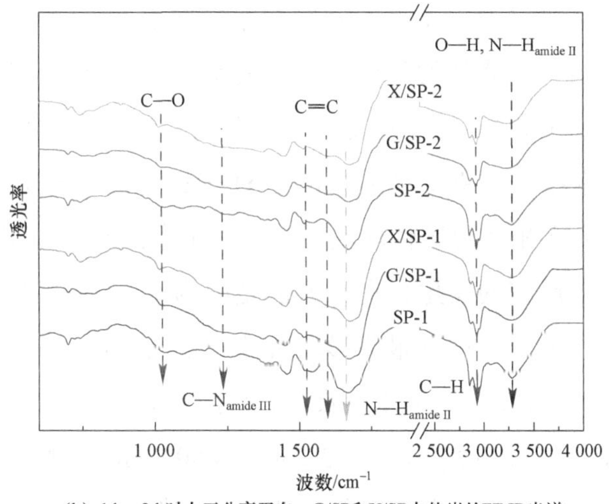

(b) 1 h、2 h时大豆分离蛋白、G/SP和X/SP水热炭的FT-IR光谱

图 5-3 大豆分离蛋白、G/SP 和 X/SP 水热炭的 FT-IR 光谱

固定在其表面，最终形成的水热炭检测出 C—O 吸收峰。该水热炭在温度为 100 ℃时，表现出类似沥青的流动性。而由图 5-3（a）可以发现，掺混葡萄糖、木糖后，在停留时间为 0 h 时水热炭表面已经发现 C—O 吸收峰，这主要是因为葡萄糖、木糖的水热中间体 5-HMF、FF 存在 C—O，其固定在水热炭中而被检测到。显然，SP 和木糖共混水热碳化得到的水热炭具有更强的 C—O 吸收峰值，这可能是因为虽然通过美拉德反应使

部分 FF 转化为吡啶和吡咯，但水相的酸性减弱，酸性对 FF 向苯类物质转化的催化作用减弱，因此更多的 C—O 键通过糠醛聚合进入水热炭中（从 GC-MS 数据中可知）。

大豆分离蛋白水热炭位于 1 515 cm^{-1} 位置的 C═C 拉伸振动峰是由水热炭的吡咯-N、吡嗪-N、吡啶-N 引起的。而 G/SP 和 X/SP 水热炭在 1 515 cm^{-1} 位置的 C═C 拉伸振动峰表现出随着停留时间的增加而减弱的趋势，同时在 1 605 cm^{-1} 位置开始出现 C═C 拉伸振动峰。此外，共混水热反应使得水热炭在 2 923 cm^{-1} 位置出现的 C—H 吸收峰强度均显著弱于大豆分离蛋白水热炭在该位置的峰强度，表明大豆分离蛋白水热炭表面的脂肪族更丰富。

对于 O—H 吸收峰，大豆分离蛋白水热炭表面的该吸收峰强度随着停留时间的增加呈现降低的趋势。这主要是因为水热碳化过程中水热炭会发生分子内脱水和酮-烯醇互变异构等反应，使得羟基被脱除。当 SP 掺混葡萄糖或木糖时，所得水热炭表面 O—H 吸收峰强度进一步降低，这一方面是因为水相呈现酸性环境，其有助于水热炭的分子内脱水和酮-烯醇互变异构等反应的发生，另一方面是因为水相中发生的美拉德反应可能存在脱水和脱羧过程，最终形成吡嗪、吡咯和吡啶等物质，这些聚合中间体通过聚合、缩合形成水热炭，导致水热炭表面—OH 官能团减少。

对于含氮官能团而言，在 3 200～3 500 cm^{-1}（$N—H_{amide\ II}$）和 1 650 cm^{-1}（$C—N_{amide\ I}$）处有强烈的特征吸收峰，表明在 SP 水热炭中存在大量的含氮官能团，且 SP 与葡萄糖（木糖）共混后不同程度地弱化了两者特征峰的强度。此外，SP 水热炭的 $C—N_{amide\ III}$吸收峰随着停留时间的增加而逐渐减弱，而 SP 掺混葡萄糖（木糖）后加速了 $C—N_{amide\ III}$吸收峰减弱的速度。这一方面是因为水相中酸性增强，有利于脱氨基作用；另一方面是因为不含氮有机成分通过固液非均相反应进入水热炭中以及糖类水解发生聚合反应沉积在水热炭表面，这些过程增加了 C 和 O 的含量，减少了含氮官能团的含量，弱化了其特征峰强度。

2. 含 C 和含 N 官能团的分布

利用 XPS 表征水热炭颗粒表面碳元素的化学键结构，可以揭示水热炭的分子结构的演化规律[20]。将 XPS 谱图分解为 4 个峰，部分分峰结果如图 5-4 所示，其中峰位置位于（284.6 eV±0.2）eV、（286.3 eV±0.3）eV、（287.7 eV±0.2）eV 和（288.6 eV±0.2）eV，分别代表脂肪族/芳香族［—C—(C,H)/C═C］，酚、醇或醚基（—C—O），羰基（—C═O）以及羧基、酯或内酯（—COOR）。

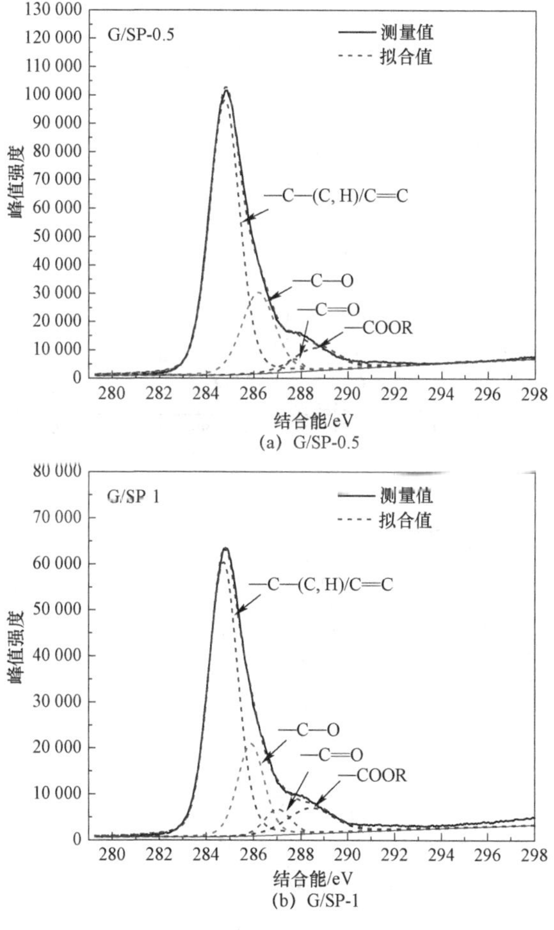

图 5-4　G/SP、X/SP、大豆分离蛋白水热炭的 C 1s 光谱和它们的分峰拟合结果

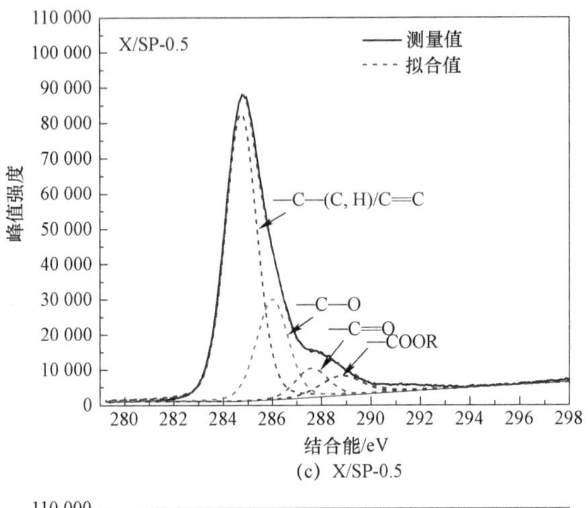

(c) X/SP-0.5

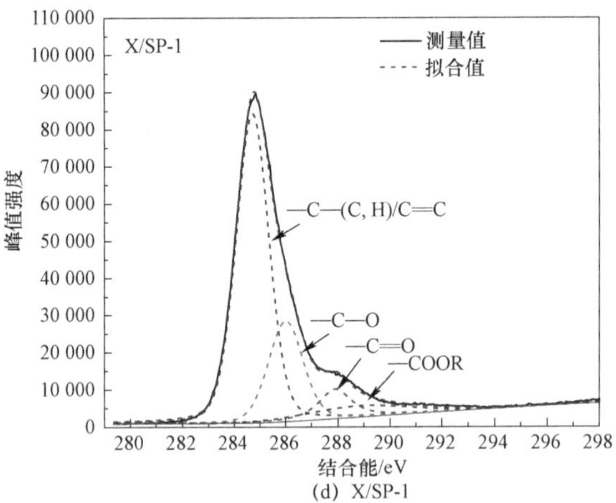

(d) X/SP-1

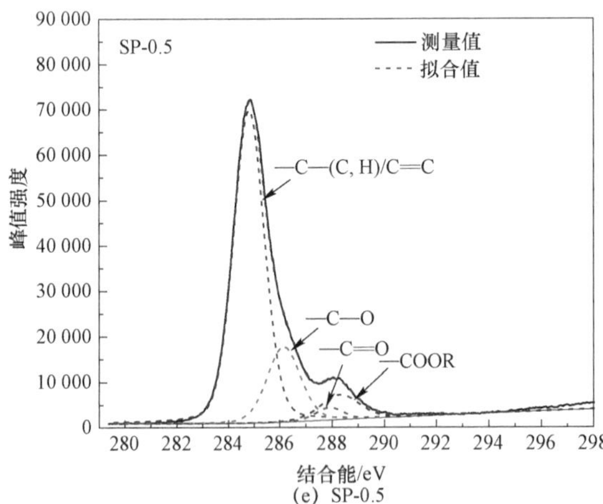

(e) SP-0.5

图 5-4 G/SP、X/SP、大豆分离蛋白水热炭的 C 1s 光谱和它们的分峰拟合结果（续）

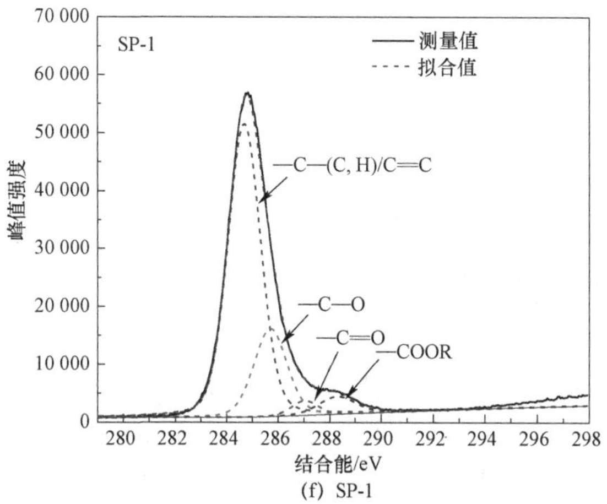

(f) SP-1

图 5-4　G/SP、X/SP、大豆分离蛋白水热炭的 C 1s 光谱和它们的分峰拟合结果（续）

根据峰面积，获得水热炭颗粒表面含碳官能团的相对含量分布，结果如图 5-5 所示。

水热炭的含碳官能团以—C—(C,H)/C═C 和—C—O 为主。停留时间从 0 h 增加至 2 h，大豆分离蛋白水热炭表面—C—(C,H)/C═C 的相对含量从 71.66%降低至 69.22%，而掺混葡萄糖后，G/SP 水热炭表面的—C—(C,H)/ C═C 从 64.78%增加至 73.56%。这表明蛋白与葡萄糖共混水热反应后明显增加了水热炭的芳构化程度。G/SP 水热炭的芳构化程度在 0.5～1 h 之间有显著增加，这与葡萄糖水热炭的芳构化程度在 0～0.5 h 之间增加明显不同。这种不同可能与美拉德反应有关，即氨基酸与葡萄糖水解产物进行美拉德反应导致聚合中间体 5-HMF 减少，而经过美拉德反应得到的聚合中间体如吡咯、吡啶等需经过复杂的反应过程，因此使 G/SP 水热炭芳构化过程出现滞后现象。对酚、醇或醚基（—C—O）而言，当停留时间从 0 h 增加至 2 h，其在大豆分离蛋白水热炭表面的相对含量从 16.94%增加至 22.74%。类似地，酚、醇或醚基（—C—O）在 G/SP 水热炭表面的相对含量从 25.28%降低至 14.00%。这一结果与上述 FT-IR 结果一致。掺混葡萄糖后，—C—O 随停留时间的增加而降低，这主要原因是

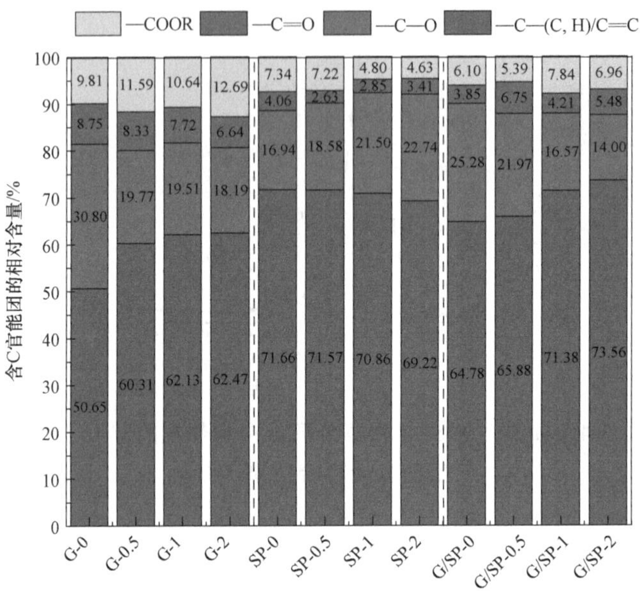

(a) 葡萄糖、大豆分离蛋白、G/SP水热炭的含C官能团的相对含量分布

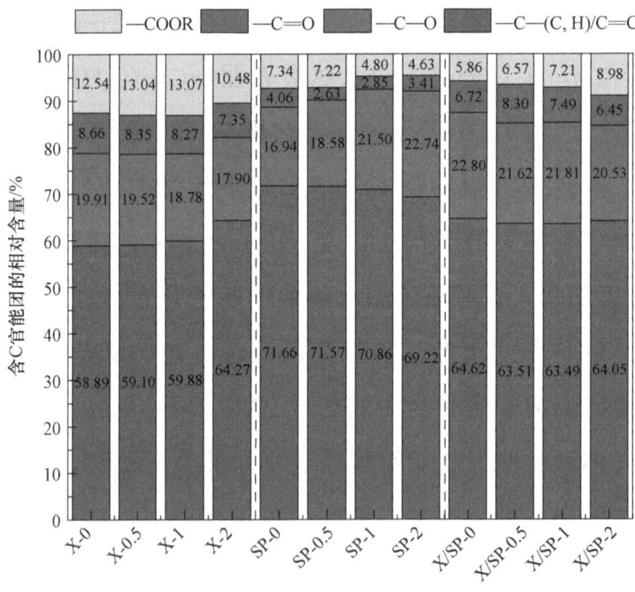

(b) 木糖、大豆分离蛋白、X/SP水热炭的含C官能团的相对含量分布

图 5-5　葡萄糖、木糖、大豆分离蛋白、G/SP 和 X/SP 水热炭的含 C 官能团的相对含量分布

美拉德反应促进了蛋白质的脱水和脱羧反应，且形成的共混水热炭在酸性的催化下发生分子内脱水和脱羧过程，进一步减少了共混水热炭的含氧官能团。

图 5-5（b）显示了掺混木糖后，停留时间从 0 h 增加至 2 h，X/SP 水热炭表面的—C—(C,H)/C═C 变化不显著，表明掺混木糖并未改善共混水热炭的芳构化程度。可能的原因是蛋白水解产物与部分木糖开环产物发生美拉德反应，导致向 FF 转化（由图 5-10 可知）的中间物质被消耗，且水相中糠醛含量减少的同时还影响了糠醛向苯类物质转化，最终降低了水热炭的芳构化程度。对酚、醇或醚基（—C—O）而言，其在 X/SP 水热炭表面的相对含量从 22.80%略微降至 20.53%。显然，PS 掺混木糖对水热炭的含氧官能团影响不显著。

利用 XPS 来表征水热炭颗粒表面氮元素的化学键结构，将其分解为 5 个峰，部分分峰结果如图 5-6 所示，峰位置位于（402.9 eV±0.2）eV、（401.4 eV±0.2）eV、（400.2 eV±0.2）eV、（399.8 eV±0.1）eV 和（398.8 eV±0.2）eV，分别对应无机氮、季氮、吡咯氮、氨基氮和吡啶氮的官能团。

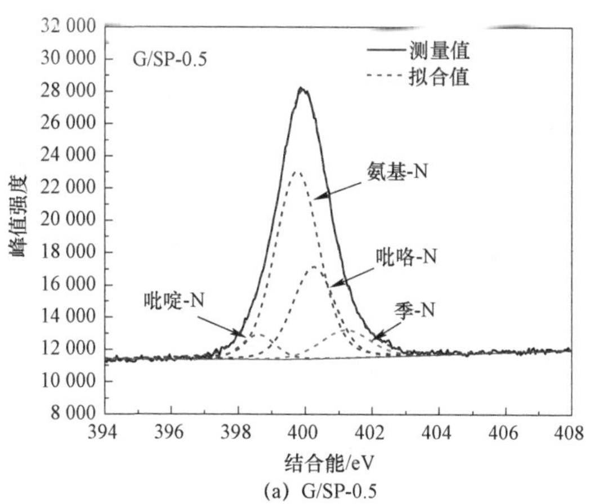

(a) G/SP-0.5

图 5-6　G/SP、X/SP、大豆分离蛋白水热炭的 N 1s 光谱和它们的分峰拟合结果

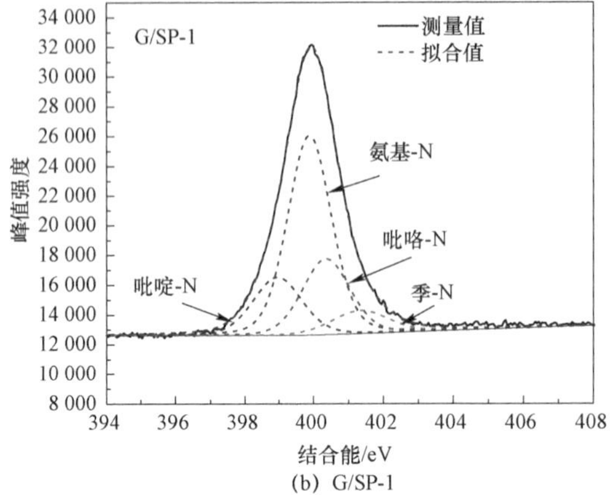

(b) G/SP-1

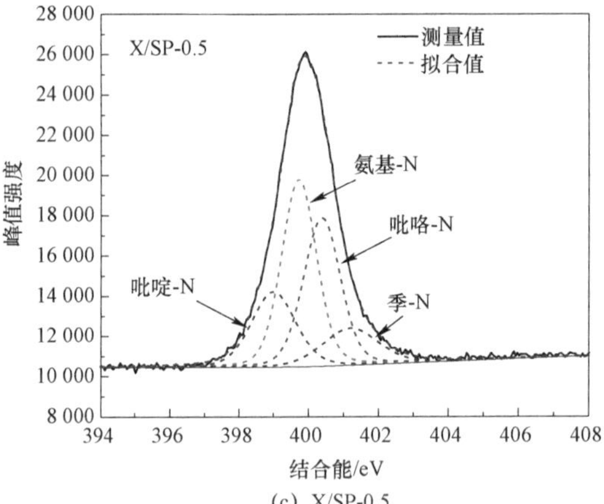

(c) X/SP-0.5

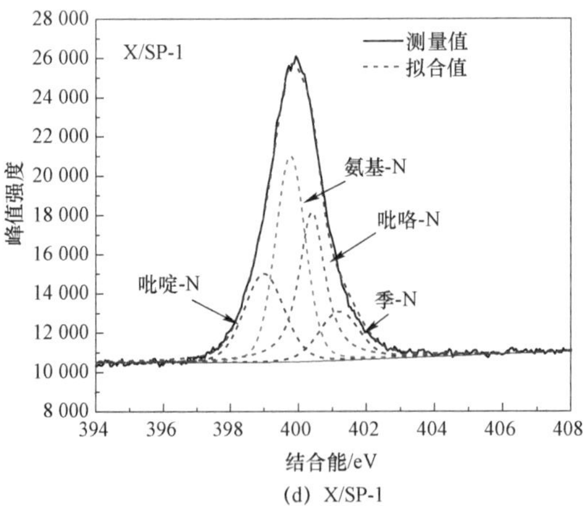

(d) X/SP-1

图 5-6 G/SP、X/SP、大豆分离蛋白水热炭的 N 1s 光谱和它们的分峰拟合结果（续）

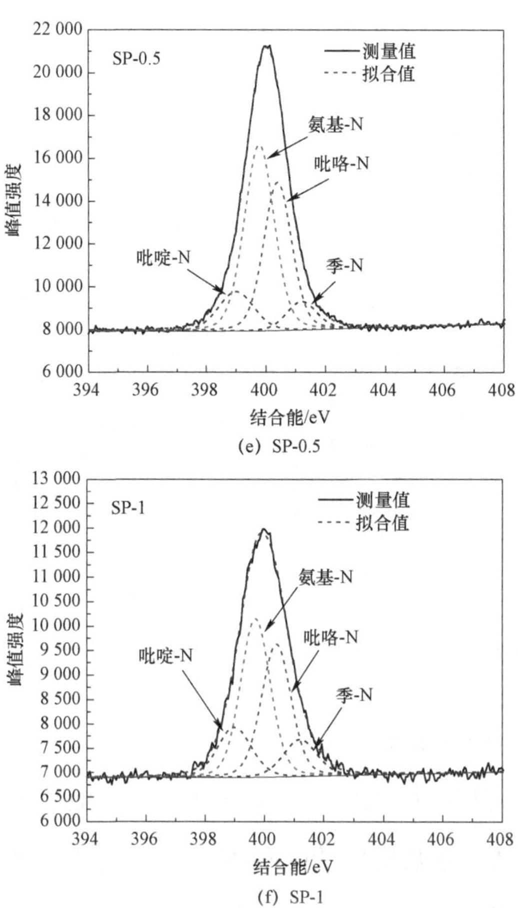

(e) SP-0.5

(f) SP-1

图 5-6　G/SP、X/SP、大豆分离蛋白水热炭的 N 1s 光谱和它们的分峰拟合结果（续）

通过各峰的面积确定相应官能团的相对含量，如图 5-7 所示。

图 5-7 显示了大豆分离蛋白、G/SP 和 X/SP 水热炭的含 N 官能团的相对含量分布。SP 水热反应初期得到的水热炭具有较高的氨基-N 和吡咯-N 含量，而随着停留时间的增加，逐步产生吡啶-N 和季-N。因为停留时间的增加，部分氨基-N 发生脱氨基反应，部分氨基氮通过环化和芳香化等反应向杂环-N 转化，如吡咯-N、吡咯-N、季-N 等[87]。此外，季-N 还可以由吡啶-N 和吡咯-N 在相对苛刻的反应条件下转化得到[21]。因此，随着停留时间的增加，水热炭的季-N 含量显著增多。

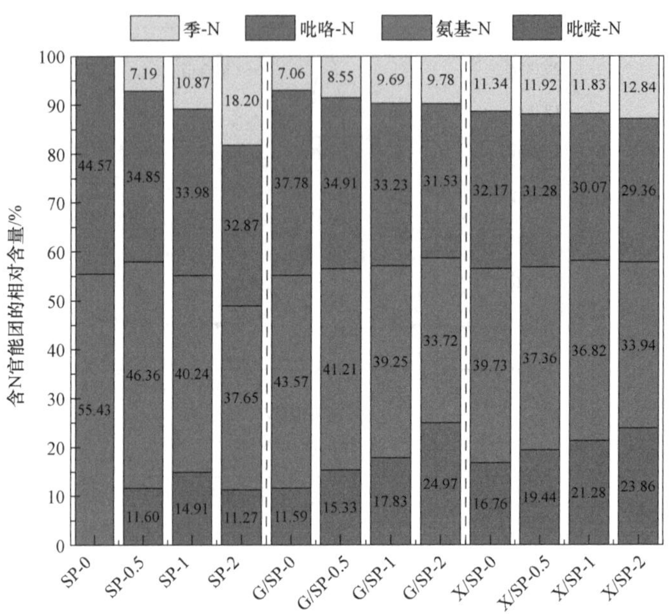

图 5-7 大豆分离蛋白、G/SP 和 X/SP 水热炭的含 N 官能团的相对含量分布

当 SP 与葡萄糖共混水热反应时，随着停留时间从 0 h 增加到 2 h，氨基-N 从 43.57%降至 33.72%，吡咯-N 从 37.78%降至 31.53%。随着停留时间的增加，共混水热炭中的吡咯-N 降低趋势不显著，这主要是因为虽然吡咯-N 会向季-N 转化，但 5-HMF 与脱氨基作用得到的 NH_3 反应生成了新的吡咯-N，这减缓了吡咯-N 的减少。此外，停留时间为 0 h 时，共混水热炭中存在吡啶-N 和季-N，这可能是因为在加热过程中也发生了美拉德反应而生成了吡啶-N，而酸性的催化作用加快了吡啶-N 的生成速率。此外，吡啶-N 和吡咯-N 向季-N 转化，继而季-N 通过固液反应或聚合反应进入共混水热炭中，使共混水热炭在停留时间为 0 h 时就开始出现季-N。

当 SP 与木糖共混水热反应时，随着停留时间从 0 h 增加到 2 h，氨基-N 从 39.73%降至 33.94%，吡咯-N 从 32.17%降至 29.36%。与掺混葡萄糖相同，停留时间为 0 h 时，共混水热炭中存在吡啶-N 和季-N。此外，

随着停留时间的增加，吡咯-N 降低趋势并不显著。这可能是由两方面原因共同作用导致：一方面，因为木糖发生水热开环反应，可以与蛋白质水热得到的氨基酸发生美拉德反应，该反应与氨基酸环化生成吡咯-N 存在着竞争关系，导致吡咯-N 急剧减少；另一方面，随着停留时间的增加，部分美拉德反应的产物进一步发生环化和缩合反应，生成了吡咯-N，并固定在水热炭中，从而缓解了水热炭吡咯-N 的减少。

3. 水热炭的微观形貌

图 5-8 给出了葡萄糖、木糖、大豆分离蛋白、G/SP、X/SP 在水热反应 2 h 所得水热炭的微观形貌。

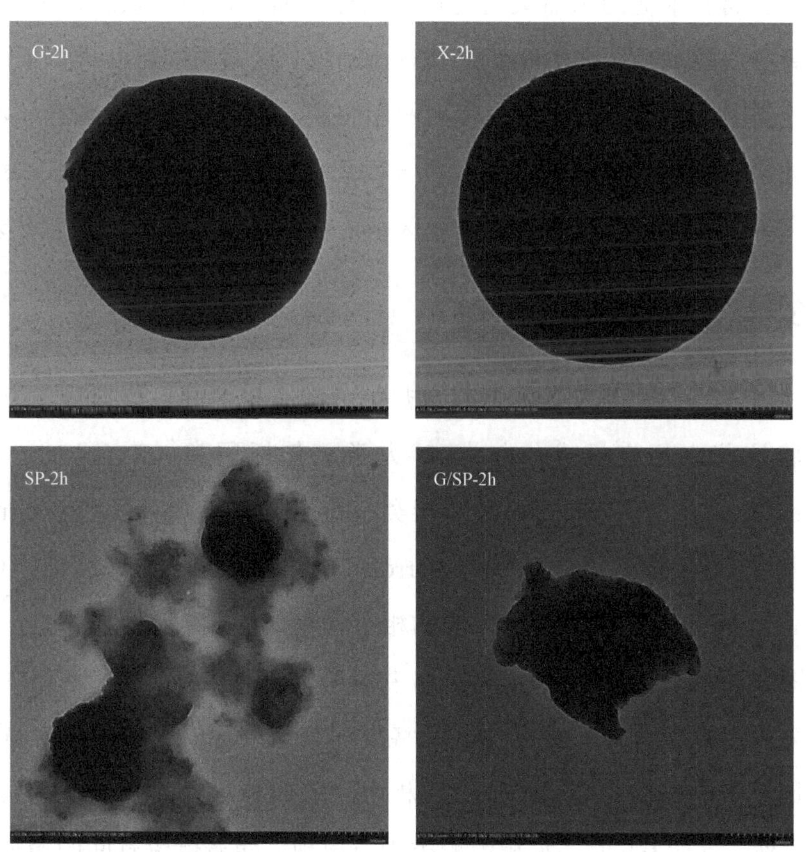

图 5-8　葡萄糖、木糖、大豆分离蛋白、G/SP 和 X/SP 水热炭的微观形貌

图 5-8　葡萄糖、木糖、大豆分离蛋白、G/SP 和 X/SP 水热炭的微观形貌（续）

葡萄糖和木糖的水热炭均为焦炭微球，而在样品干燥过程中发现大豆分离蛋白的水热炭在 100 ℃时具有流动性，这方面的特性类似于沥青，这可能是因为水热炭表面存在较多的脂肪族。此外，掺混葡萄糖（木糖）得到的水热炭具有层状结构，与单一物质的水热炭有显著差异，表明大豆分离蛋白水热炭的形成机理显著区别于掺混葡萄糖和木糖的水热炭。

5.3.3　水相产物组成

利用 GC-MS 测定各种原料水热废液的有机组分。根据分子结构特征，将这些水相有机成分归为 8 大类，包括酮类（Ketones）、醛类（Aldehydes）、苯类（Benzenes）、哌嗪类（Piperazines）、吡嗪类（Pyrazines）、吡啶类（Pyridines）、吡咯类（Pyrroles）、其他杂环氮有机物（Other N-containing organics），各类成分的相对含量如图 5-9 所示。

图 5-9（a）给出了 SP 水热水相中各类成分的相对含量。水相中不含氮成分的占比较少，而哌嗪类、吡咯类和其他杂环氮有机物等含氮组分的含量较多。停留时间的增加对水相中含氮成分含量的影响没有显著规律。此外，反应 0 h 时，水相中酮类物质出现，随着停留时间的增加，酮类物质开始消失。在停留时间为 2 h 时，水相中存在少量的苯类物质，这

主要是因为停留时间的增加促使不含氮芳香性物质产生，这些物质可能是脱氨基产生的。

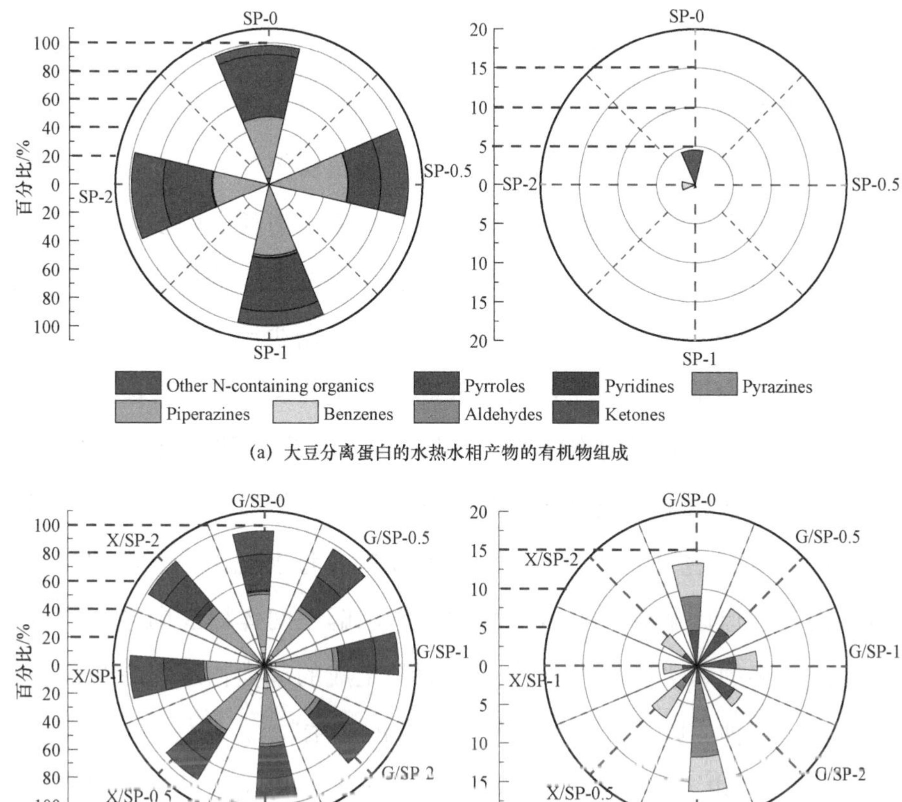

(a) 大豆分离蛋白的水热水相产物的有机物组成

(b) G/SP和X/SP的水热水相产物的有机物组成

图 5-9　大豆分离蛋白、G/SP 和 X/SP 的水热水相产物的有机物组成

然而，由图 5-9（b）可知，当 SP 掺混葡萄糖（木糖）后，水相中开始出现一定量的吡嗪类产物，且吡嗪类含量随着停留时间的增加呈现出增加的趋势。吡嗪类物质可以由两条反应路径生成：一条反应路径为碳水化合物与氨基酸首先发生 Amadori 重排，随后所得产物通过缩合反应生成吡嗪类物质；另一条反应路径为碳水化合物与氨基酸发生 Strecker

降解反应后再发生缩合反应，生成吡嗪类物质[84]。显然，两条反应路径复杂，需要较长的停留时间才能生成吡嗪类物质，因此停留时间的增加提升了吡嗪类物质的含量。此外，更多的其他含氮物质在反应初期也有显著的增加，这可能与美拉德反应有关。在水热反应初期，相比于 SP 水相产物，SP 掺混葡萄糖（木糖）后的水相中就已经出现苯类和醛类物质，且非含氮物质增加显著。非含氮物质的含量随着停留时间的增加而逐渐减少，这一方面是因为美拉德反应在不断发生，消耗了较多的非含氮类物质；另一方面是因为苯类、醛类等物质可以发生缩聚反应并固定在水热炭表面。但 SP 掺混木糖后的水相酮类物质显著少于掺混葡萄糖的水热水相中该物质含量，这主要是因为木糖本身水热反应产生的酮类物质少于葡萄糖水热产生的酮类物质[88]。此外，随着停留时间的增加，SP 掺混葡萄糖的水热水相中苯类物质的含量逐渐减少。然而，随着停留时间的增加，SP 掺混木糖的水热水相中苯类物质的含量表现出显著的规律。这可以从两方面原因解释：一方面是由木糖水解中间体糠醛向苯类物质转化，生成更多的苯类物质[88]；另一方面是生成的苯类物质还参与聚合形成水热炭。两种原因共同作用导致该现象的产生。

为了明确 SP 与葡萄糖（木糖）共混水热反应形成水热炭的机理，将葡萄糖（木糖）水热水相中主要有机组分和共混水热水相对应有机组分的含量在图 5-10 给出。

由图 5-10（a）可知，葡萄糖水热水相中含有 5-HMF、糠醛、苯类物质。当 SP 掺混葡萄糖后水热水相中只产生少量的苯类物质，而 5-HMF、糠醛等物质几乎没有产生。5-HMF 大幅度减少的主要原因之一正如 5.3.1 节提到的，即 5-HMF 与溶解在水相中的 NH_3 发生反应生成吡咯-N 或吡啶-N，另一个原因是美拉德反应导致葡萄糖向 5-HMF 转化受到阻碍。因此，以上结果表明 G/SP 水热炭的形成与葡萄糖水热炭的形成有本质区别。

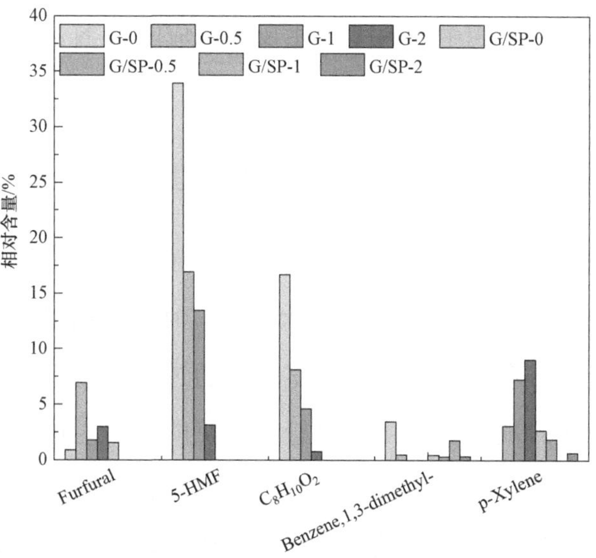

(a) 葡萄糖、G/SP的水热水相产物中部分有机物含量

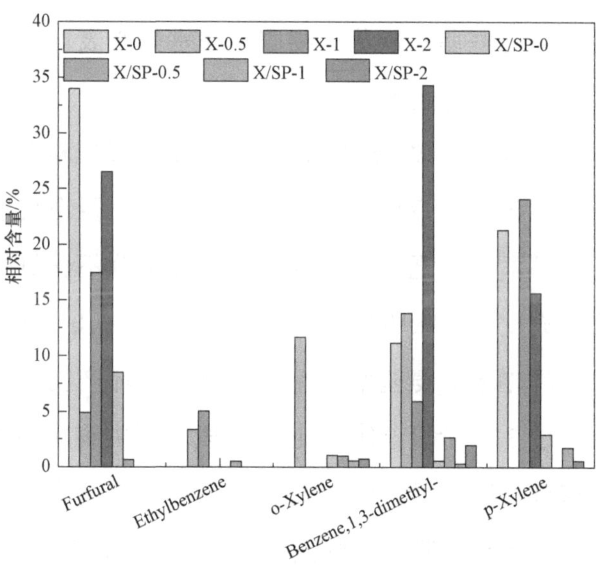

(b) 木糖、X/SP的水热水相产物中部分有机物含量

图 5-10　葡萄糖、G/SP、木糖、X/SP 的水热水相产物中部分有机物含量

由图 5-10（b）可知，木糖水热水相中存在糠醛、苯类物质。而当 SP 掺混木糖后水热水相中仅出现少量的糠醛和苯类物质，这表明含氮杂环（吡嗪、吡咯、哌嗪等）成为聚合形成水热炭的主要中间体。糠醛也

可以通过与溶解在水相中的 NH_3 发生反应生成吡咯-N 或吡啶-N，这导致糠醛的含量显著减少。

5.3.4 G/SP（X/SP）水热炭的形成机理

基于以上分析结果，给出大豆分离蛋白和碳水化合物水热反应机理图，如图 5-11 所示。大豆分离蛋白水热反应时，水相呈现弱碱性，蛋白首先快速水解为多种氨基酸，随后氨基酸通过脱氨基反应生成部分不含氮物质，而这类物质在水相中含量较少，可能是因为这类物质发生了聚合反应形成了水热炭，或者与含氮有机物发生美拉德反应形成了新的含氮有机物。氨基酸还可以通过环化反应生成氮杂环物质，如吡咯、哌嗪等，在水相中该类物质含量较高。此外，氨基酸通过一系列反应还生成了脂肪族化合物，这些脂肪族化合物固定在水热炭表面，使得大豆分离蛋白的水热炭在 100 ℃时表现出类似沥青的流动性。

图 5-12 显示了大豆分离蛋白与糖类物质水热反应机理图。大豆分离蛋白与糖类物质共混水热反应时，水相呈现酸性。蛋白快速水解为多种氨基酸，随后氨基酸可以通过脱氨基反应生成部分不含氮物质，还可以通过环化反应生成吡咯和哌嗪等物质，且由于酸性环境中 H^+的催化作用，使得该类含氮杂环增多。氨基酸与糖类物质的开环产物可以发生美拉德反应，该过程经过 3 个阶段：① 在起始阶段，糖类物质与氨基酸发生羰氨缩合和分子重排反应，最终生成酮式果糖胺；② 在中间阶段，部分酮式果糖胺经过互变异构、脱水、脱氨基、环化等反应最终生成 5-HMF，部分酮式果糖胺还可以不经过脱氨基反应生成 Schiffs 碱；③ 在结束阶段，美拉德中间产物和 5-HMF 等发生聚合和缩合等反应最终形成大分子聚合物。此外，糖类物质还可以通过脱水、环化等过程继续产生 5-HMF 和 FF，而这些醛类物质与溶解在水中的 NH_3 发生反应形成吡咯和吡啶类物质（该反应路径如图 5-13 所示），最终聚合成为水热炭。吡咯和吡啶

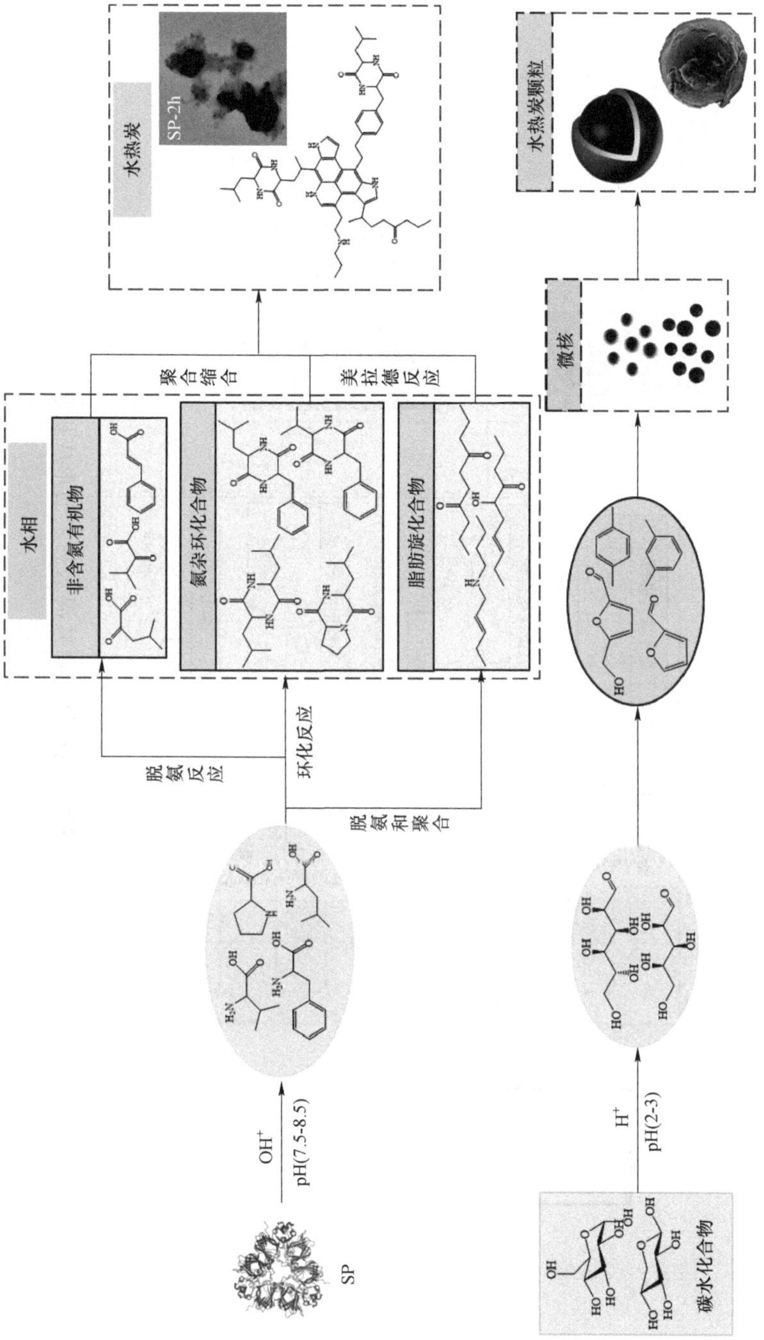

图 5-11　SP 和碳水化合物的水热炭形成机理

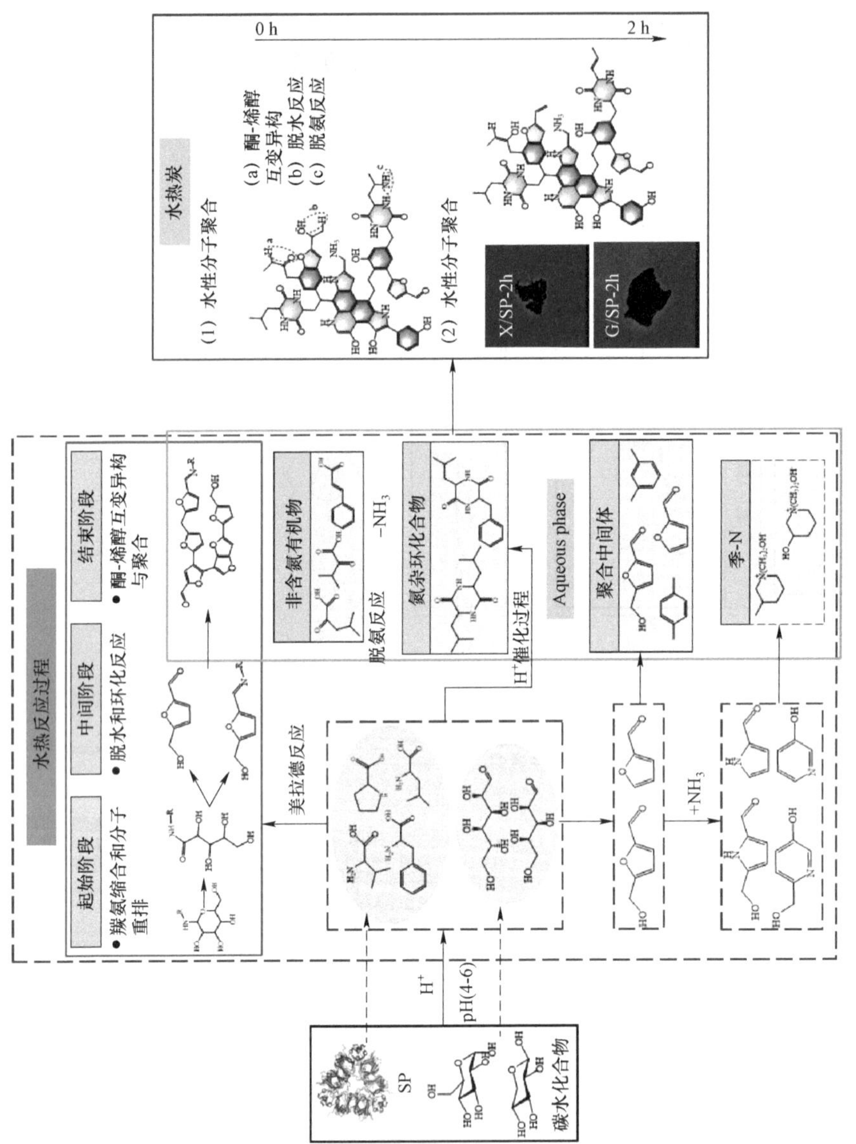

图 5-12　SP 和碳水化合物共混水热炭的形成机理

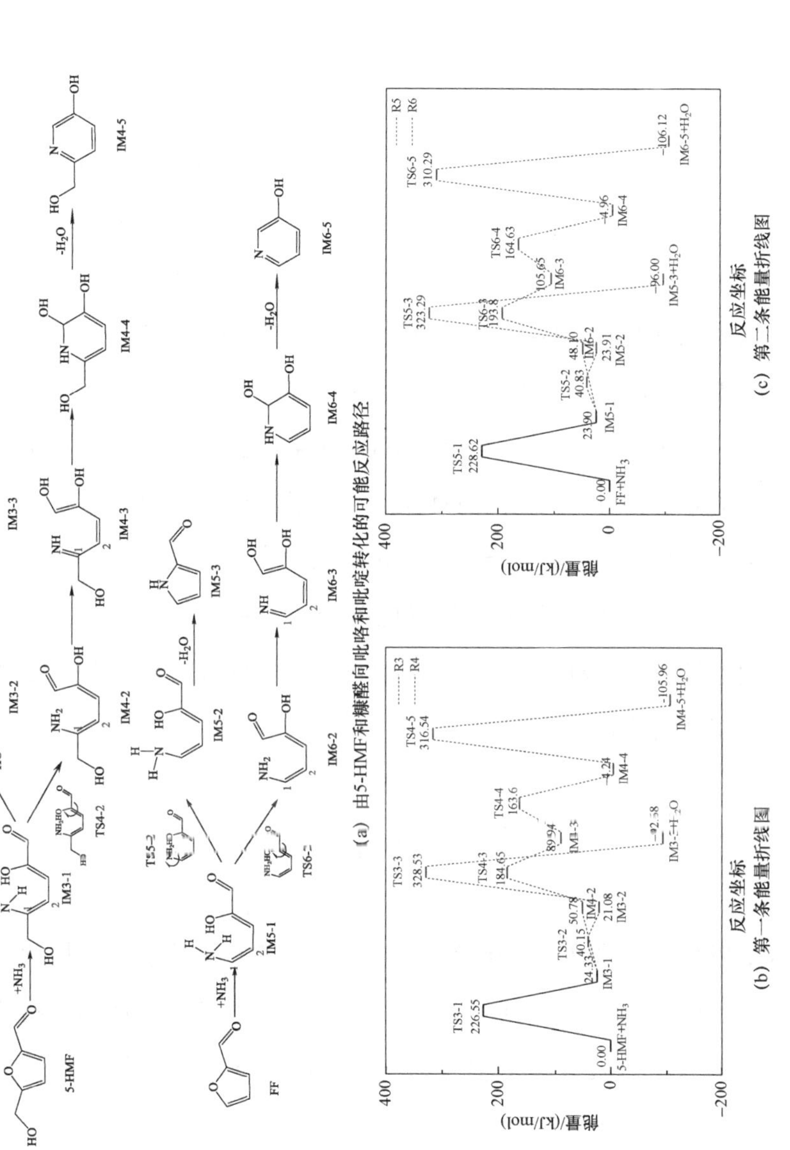

(a) 由5-HMF和糠醛向吡咯和吡啶转化的可能反应路径

(b) 第一条能量折线图

(c) 第二条能量折线图

图 5-13　由 5-HMF 和糠醛向吡咯和吡啶转化的可能反应路径和它们的能量折线图

类物质还可以通过一系列严苛的反应生成季-N 并固定在水热炭中。水热炭会随着停留时间的增加，逐渐发生脱水、羟醛缩合和脱氨基等反应，从而进一步提升水热炭的芳构化程度和其他氮杂环的含量。

图 5-13 给出了 5-HMF 和 FF 生成吡咯和吡啶的反应路径和它们的能量折线图。由图 5-13（a）和图 5-13（b）可知，5-HMF 与溶解的氨气反应生成 IM3-1，随后 IM3-1 的氨基发生翻转异构化生成 IM3-2，IM3-2 经过一次脱水反应最终生成吡咯（IM3-3）。此外，5-HMF 与溶解的氨气反应还可以生成吡啶（IM4-5），具体反应路径如下：生成的 IM3-1 经过异构化生成 IM4-2，随后 IM4-2 氨基上的 H 转移到 C2 上，导致 C═C 断裂形成 C═N 双键，生成 IM4-3，继而 IM4-3 通过闭环反应生成 IM4-4，最后通过脱水反应生成吡啶（IM4-5）。根据决速步理论，该反应路径中从 IM4-4 到 IM4-5 的反应能垒（320.78 kJ/mol）最高，决定了总反应的反应快慢。FF 生成吡咯和吡啶的反应路径与 5-HMF 类似，如图 5-13（c）所示。通过计算 5-HMF 和 FF 生成吡咯和吡啶的反应路径进一步给出了证实，表明该反应的存在。

5.4　本章小结

本章以蛋白质和木质纤维组分（纤维素和半纤维素）为原料，通过多种分析测试手段，探究共混水热炭表面官能团特征和水相中有机物成分分布，揭示蛋白质与碳水化合物（作为纤维素和半纤维素的代表）之间的交互反应及水热炭的形成机理。本章研究的具体结果如下。

（1）大豆分离蛋白掺混葡萄糖后在水热炭产率中表现出协同作用；而停留时间为 0～1.5 h 时，掺混木糖在水热炭产率方面表现出协同作用，停留时间为 2 h 时表现出抑制作用。

（2）停留时间从 0 h 增加至 2 h，G/SP 水热炭表面的—C—(C,H)/

C═C 从 64.78%增加至 73.56%。这表明蛋白质与葡萄糖共混水热反应后明显增加了水热炭的芳构化。X/SP 水热炭表面的—C—(C,H)/C═C 变化不显著，表明掺混木糖并未改善共混水热炭的芳构化程度。

（3）葡萄糖和木糖的水热炭均为焦炭微球，而在样品干燥过程中发现大豆分离蛋白的水热炭在 100 ℃时具有流动性，这方面的特性类似于沥青，表明大豆分离蛋白与碳水化合物共混水热碳化形成的水热炭与碳水化合物的水热炭差异显著。

（4）大豆分离蛋白与糖类物质共混水热反应生成水热炭可以分为 4 条路径：① 蛋白质水热快速水解为多种氨基酸，随后氨基酸可以通过脱氨基反应生成部分不含氮物质，还可以通过环化反应生成吡咯和吡啶、哌嗪等物质；② 氨基酸与糖类物质的开环产物可以发生美拉德反应；③ 糖类物质通过脱水、环化等过程继续产生 5-HMF 和 FF，而这些醛类物质与溶解在水中的 NH_3 发生反应形成吡咯和吡啶类物质，最终聚合成为水热炭，吡咯和吡啶类物质还可以通过一系列严苛的反应生成季-N 并固定在水热炭中；④共混水热炭会随着停留时间的增加，逐渐发生脱水、羟醛缩合和脱氨基等反应，从而进一步提升水热炭的芳构化程度和其他氮杂环的含量。由以上反应路径产生的聚合中间产物通过聚合、缩聚等反应最终生成共混水热炭。

第 6 章　共混水热碳化耦合闪蒸-有机朗肯循环工艺的质能平衡分析

6.1　本章引言

第 2 章到第 4 章从污泥与农林废弃物角度、组分交互反应角度，分析了所得共混水热炭的燃料品质以及形成机制，可为原料的筛选和高品质水热炭的制备提供坚实的参考。然而，实现共混水热碳化工艺的工业化应用，必须掌握两者共混水热碳化时的物质迁移和能量分配规律，即物质和能量平衡特性。此外，共混水热碳化工艺过程中的能效提升技术可为未来工业化应用提供关键技术支撑。有效提升共混水热碳化工艺的能效，需要明确水热碳化过程中各部分的能耗情况。对于污泥的深度脱水和干化来说，虽然 HTC 工艺具有低能耗优势，但 HTC 工艺仍需消耗较高的能量用于加热给料（由废弃物和水制备的浆料）至反应温度、维持 HTC 反应温度等。为得到低含水率的水热炭产品，HTC 处理后的污泥浆液还需进行机械脱水甚至再进行热干燥（相对于未处理过的原料，水热炭的机械脱水和热干燥性能大大改善）。在这些步骤中，HTC 过程的能耗最高，可占整个过程总能耗的 51.6%及以上[89]。回收利用 HTC 浆料产物中含有的大量热量对于提升 HTC 工艺的能量效益具有重要意义。利用余热发电是一种可将低品位热能转化为高品位电能的方法，在地热发电、低温流体热力发电等领域具有广泛的应用。HTC 浆料产物的压力一般为 2～10 MPa，温度范围为 180～280 ℃[90]，热源品质适中，适宜进行余热

发电。对 HTC 工艺的浆料余热进行发电会对整个工艺的物质和能量平衡产生影响，因此有必要探明带有余热发电功能的 HTC 工艺的物质和能量平衡特性，为 HTC 耦联余热发电工艺开发提供理论基础。

综上分析，本章通过设计一种闪蒸和 ORC 联合系统对 HTC 浆料余热进行利用，以产生稳定电能输出。以 SS 与 CS 共混水热碳化为例，将 HTC 耦联 FSPG-ORC 余热发电系统，重点开展以下方面：① 研究混料水热炭的燃料特性和两种原料的协同碳化规律；② 研究 HTC 运行参数对 FSPG-ORC 系统发电量及热力学特性的影响；③ 分析 HTC-FSPG-ORC 耦联系统的物质和能量平衡规律。

6.2　材料与方法

6.2.1　材料准备

湿污泥原料取自中国河北省保定市 WWTP 的机械脱水污泥。该 WWTP 处理废水的流程依次为两阶段沉淀，厌氧-好氧生化降解，反硝化，浓缩和机械脱水。玉米秸秆取自当地农田。污泥和玉米秸秆样品首先在电热干燥箱 105 ℃条件下充分干燥至质量恒定，之后用高速粉碎机研磨，经过 60 目分样筛筛分后，获得粒径小于 0.25 mm 的粉末，储存在 4 ℃冰箱中。

6.2.2　水热碳化

水热碳化实验过程在第 2 章有详细描述。为研究共混水热碳化停留时间对共混水热碳化新工艺的质量和能量平衡的影响，停留时间分别选用 1 h、2 h、4 h 和 8 h。

根据 SS:CS 质量比、HTC 温度和停留时间来区分各工况，标注为反应温度-停留时间（SS:CS），如 220-1（1:1），所表示的工况为 SS 与 CS 的质量比为 1:1，HTC 反应温度为 220 ℃，停留时间为 1 h。

6.2.3 FSPG-ORC 余热发电系统

如图 6-1 所示，HTC-FSPG-ORC 系统主要由 3 部分组成，即 HTC 部分、闪蒸发电部分（FSPG 部分）、ORC 发电部分（ORC 部分）。HTC 部分主要由 HTC 反应器和闪蒸罐组成。FSPG 部分主要由透平（透平 A）、发电机（发电机 A）、冷凝器（冷凝器 A）组成。ORC 部分主要由蒸发器、透平（透平 B）、发电机、内回热器、冷凝器（冷凝器 B）、泵组成。

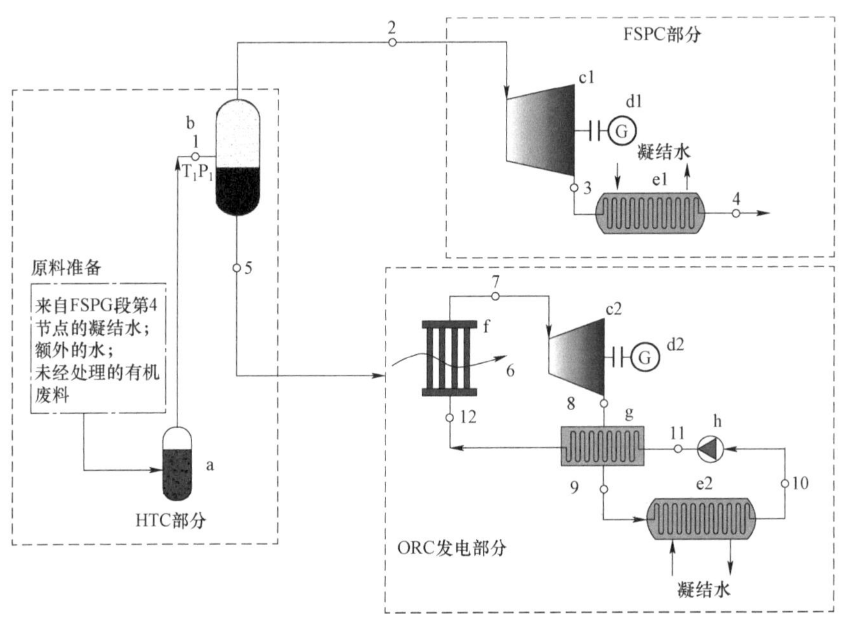

图 6-1　HTC-FSPG-ORC 耦联系统

a—HTC 反应器；b—闪蒸罐；c1—透平 A；d1—发电机 A；e1—冷凝器 A；c2—透平 B；d2—发电机 B；e2—冷凝器 B；f—蒸发器；g—内回热器；h—泵

系统按照以下步骤运行：所制备的原料泵入上批次 HTC 反应器内，然后用上批 HTC 反应器的气态产物进行预热。在此之后，将 HTC 反应

器充满氮气并排出气态产物，然后用电能将其加热到需要的温度。维持 HTC 温度所需时间后，将泥浆产品送到闪蒸罐快速生成闪蒸蒸汽和浓缩浆料。得到的闪蒸蒸汽作为工作流体注入透平 A，驱动发电机 A，产生电力。在此之后，用冷凝器 A 将废蒸汽冷凝，然后部分用作制备原料的水。以浓缩浆料为热源，蒸发 ORC 部分蒸发器内的有机工质。然后，蒸发的有机流体也被用来注入透平 B 发电。

HTC 反应结束后，浆料产物以 2 kg/s 的质量流量流入 FSPG-ORC 系统中。经余热利用后的浆料依次通过机械压滤和热力干化，获得含水率 15%的水热炭。这一含水率的选取是借鉴了几种常见煤种，如 Yang 等人[91]研究的几种动力煤含水率为 0.7%～12.8%，Tahmasebi 等人[92]报道的印尼褐煤含水率为 20.38%，因此本书选定水热炭的含水率最终脱至 15%。

6.2.4　分析方法

1. 水热炭特性分析

氢气产量（HY）根据公式（6-1）计算。

$$HY(\%)=\frac{m_{hy}}{m_{rm}}\times 100\% \tag{6-1}$$

式中：m_{hy}——水热炭的干质质量（kg）；

m_{rm}——SS-CS 混合原料的干质质量（kg）。

碳保留率（CR）根据公式（6-2）计算。

$$CR=\frac{m(C_{hy})}{m(C_{rm})}\times 100\% \tag{6-2}$$

式中：$m(C_{hy})$——水热炭所含的 C 的质量（kg）；

$m(C_{rm})$——SS-CS 原料中所含的 C 的质量（kg）。

有机物保留率（OR）根据公式（6-3）计算。

$$\mathrm{OR}=\frac{m_{hy,om}}{m_{rm,om}}\times 100\% \tag{6-3}$$

式中：$m_{hy,om}$——水热炭中有机物的质量（kg）；

$m_{rm,om}$——SS-CS 原料中有机物的质量（kg）。

SS 和 CS 在水热碳化过程中的协同或拮抗作用采用相互作用系数（IC，%）来评估，IC 为正，表示 SS 和 CS 在水热碳化过程中表现出协同促进作用，为负则表示拮抗作用。IC 根据公式（6-4）计算。

$$\mathrm{IC}=\frac{\mathrm{EV}-\mathrm{CV}}{\mathrm{CV}}\times 100\% \tag{6-4}$$

式中：EV——SS 和 CS 共混水热碳化的实验值；

CV——SS 和 CS 单独实验值按两者质量比例的线性计算值。

原料和水热炭的元素分析是使用元素分析仪（Vario Micro cube，Elementar，德国）确定样品的 C、H、N 和 S 的质量百分数（%），并利用差减法计算 O 含量，为%O＝%100－%C－%H－%N－%S－%Ash。所有干燥固体样品的 HHV 用热值分析仪（ZDHW-5G，鹤壁华泰电子有限公司）测定。

2. 物质平衡和能量平衡计算

物质平衡和能量平衡的计算边界如图 6-2 所示。

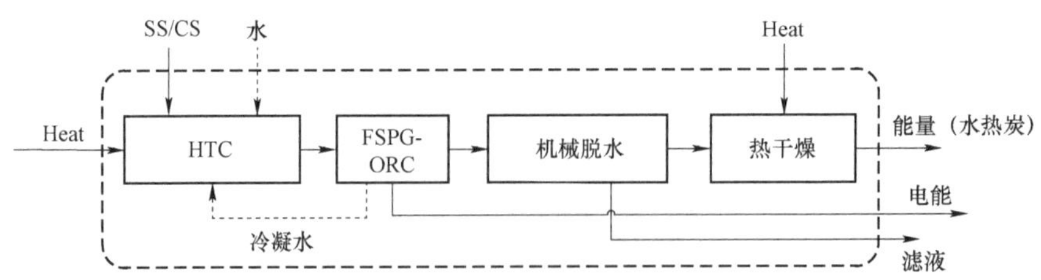

图 6-2　全流程物质平衡和能量平衡的计算边界

在考虑水热碳化的工业运行实际情况的基础上，做出如下假设：① 忽略水热碳化过程中所释放的反应热；② 原料在 HTC 过程中的质量损失较

少，计算时忽略不计；③ 原料与水热炭所含的能量以其干基总高位发热量（$m_{hy}\times \mathrm{HHV}_{hy}$）计算。

物质平衡计算基于公式（6-5）至公式（6-8）。

$$m_{\mathrm{total}}=m_w+m_{rm} \tag{6-5}$$

$$m_w=m_{w,fs}+m_{w,md}+m_{w,td}+m_{w,rm} \tag{6-6}$$

$$m_{w,fs}=1\,000q_{m,fs}/q_m \tag{6-7}$$

$$m_{rm}=m_{rm,\mathrm{SS}}+m_{rm,\mathrm{CS}} \tag{6-8}$$

式中：m_w——进入反应器内水的质量（kg）；

m_{rm}——原料干质质量（kg）；

$m_{w,fs}$——闪蒸罐内闪蒸出的蒸汽质量（kg）；

$m_{w,md}$——机械脱除的水分（kg）；

$m_{w,td}$——热力干化蒸发的水分（kg）；

$m_{w,rm}$——原料干质质量（kg）；

$q_{m,fs}$——闪蒸蒸汽流量（kg/s）；

q_m——进入闪蒸罐的浆料产物流量（kg/s）；

$m_{rm,\mathrm{SS}}$——原料中 SS 干质质量（kg）；

$m_{rm,\mathrm{CS}}$——原料中 CS 干质质量（kg）。

全流程能量平衡计算如下。

（1）HTC 输入能量。

在水热碳化过程中，加热原料浆以及维持 HTC 反应温度需要从外界输入能量。这部分输入能量可根据公式（6-9）计算（室温取 298 K）。

$$\begin{aligned}E_{\mathrm{HT,in}}&=m_w\cdot(h_{l,\mathrm{HT}}-h_{l,298})/10^3+\\&(m_{rm,\mathrm{SS}}\cdot C_{\mathrm{SS}}+m_{rm,\mathrm{CS}}\cdot C_{\mathrm{CS}}+C_{\mathrm{bulk}}+3\,600\times h_{\mathrm{bulk}}\cdot A\cdot\tau)\cdot(T_{\mathrm{HT}}-298)/10^3\end{aligned} \tag{6-9}$$

式中：$h_{l,\mathrm{HT}}$——HTC 温度下水的比焓（kJ/kg）；

$h_{l,298}$——298 K 下水的比焓（kJ/kg）；

C_{SS}——污泥干质的比热容［1.7 kJ/（kg·K）］[93]；

C_{CS}——CS 干质的比热容［1.4 kJ/（kg·K）］[94]；

C_{bulk}——HTC 反应器内衬材料的比热容［1 550 kJ/（kg·K）］[95]；

h_{bulk}——散热系数；

A——反应器外表面积（取值为 0.032 kW/K）[7]；

τ——停留时间（h）；

T_{HT}——HTC 温度（K）。

（2）FSPG-ORC 系统的电能产出。

闪蒸部分做功功率（W_{net1}，MJ）按公式（6-10）计算。

$$W_{net1} = m_{w,fs}(h_2 - h_3)\eta_{ri} / 1\,000 \tag{6-10}$$

式中：h_2——闪蒸蒸汽的焓值（kJ/kg）；

h_3——从闪蒸蒸汽推动透平 A 做功后的乏汽的焓值（kJ/kg）；

η_{ri}——透平 A 的相对内效率（取值为 0.85）。

ORC 部分做功（W_{net2}，MJ）按公式（6-11）计算。

$$W_{net2} = W_T - W_P \tag{6-11}$$

式中：W_p——泵的耗能（MJ）；

W_T——透平 B 的做功（MJ）。

FSPG-ORC 系统做功（W_{net}，MJ）根据公式（6-12）计算。

$$W_{net} = W_{net1} + W_{net2} \tag{6-12}$$

FSPG-ORC 系统的㶲效率（η_{exe}）根据公式（6-13）计算。

$$\eta_{exe} = \frac{W_{net}}{Q_{\text{in, FSPG-ORC}}(1 - T_0 / T_1) - Q_{\text{out, FSPG-ORC}}(1 - T_0 / T_6)} \tag{6-13}$$

式中：T_0——环境温度（298 K）；

T_1——浆料产物的温度（K）；

T_6——闪蒸后浓缩浆料的温度（K）。

其中，$Q_{in,FSPG\text{-}ORC}$ 和 $Q_{out,FSPG\text{-}ORC}$ 分别为输入和输出 FSPG-ORC 系统的热量（MJ），根据公式（6-14）和公式（6-15）计算。

$$Q_{in,\,FSPG\text{-}ORC}=[m_w(h_1-h_0)+(m_{rm,SS}\cdot C_{SS}+m_{rm,CS}\cdot C_{CS})(T_1-T_0)]/10^3 \tag{6-14}$$

$$Q_{out,\,FSPG\text{-}ORC}=[(m_w-m_{w,fs})(h_6-h_0)+(m_{rm,SS}\cdot C_{SS}+m_{rm,CS}\cdot C_{CS})(T_6-T_0)]/10^3 \tag{6-15}$$

式中：h_0——T_0 温度下的饱和水焓值（kJ/kg）；

h_1——T_1 温度下的饱和水焓值（kJ/kg）；

h_6——T_6 温度下的饱和水焓值（kJ/kg）。

FSPG-ORC 系统从 HTC 浆料中回收的热能（$E_{FSPG\text{-}ORC}$，MJ）根据公式（6-16）计算。

$$E_{FSPG\text{-}ORC}=W_{net}\cdot\tau_{out}/\eta_{ri} \tag{6-16}$$

其中，τ_{out} 是 HTC 浆料从反应罐中彻底排出所消耗的时间（s），其根据公式（6-17）计算。

$$\tau_{out}=\frac{m_{total}}{q_m} \tag{6-17}$$

表 6-1 给出了 FSPG-ORC 系统参数。

表 6-1　FSPG-ORC 系统参数

系统参数	数值
蒸发器夹点温差/ ℃	5
冷凝温度/ ℃	30
冷却水进口温度/ ℃	25
蒸发器有机工质过热温度/ ℃	0
浆料产物质量流量/（kg/s）	2

（3）机械脱水耗能。

机械脱水耗能（E_{MD}，MJ）根据公式（6-18）计算。

$$E_{\mathrm{MD}} = e_{\mathrm{MD}} m_{w,md} / 1\,000 \tag{6-18}$$

式中：e_{MD}——单位质量浆料的机械脱水能耗，取值为 6.9 kJ/kg-slurry[96]。

（4）热力干化耗能。

热力干化耗能（E_{TD}，MJ）根据公式（6-19）计算[89]。

$$\begin{aligned} E_{\mathrm{TD}} = {} & m_{w,td} \cdot (h_{l,373} - h_{l,298}) + (m_{rm,\mathrm{SS}} \cdot C_{\mathrm{SS}} + m_{rm,\mathrm{CS}} \cdot C_{\mathrm{CS}}) \cdot (373-298)/10^3 \\ & + (m_{w,td} - m_{w,rm}) \cdot (h_{g,373} - h_{l,373})/10^3 \end{aligned} \tag{6-19}$$

式中：$h_{l,373}$——373 K 下水的比焓（kJ/kg）；

$h_{l,298}$——298 K 下水的比焓（kJ/kg）；

$h_{g,373}$——373 K 下水蒸气的比焓（kJ/kg）。

（5）全流程总能量输入、输出和能量效益。

总输入能量（E_{in}，MJ）根据公式（6-20）计算。

$$E_{\mathrm{in}} = E_{\mathrm{HT,in}} + E_{\mathrm{MD}} + E_{\mathrm{TD}} \tag{6-20}$$

总输出能量（E_{out}，MJ）根据公式（6-21）计算。其中，水热炭总热值（$E_{gr,db}$，MJ）根据公式（6-22）计算。

$$E_{\mathrm{out}} = E_{\mathrm{FSPG\text{-}ORC}} + E_{gr,db} \tag{6-21}$$

$$E_{gr,db} = m_{hy} \cdot \mathrm{HHV}_{hy} \tag{6-22}$$

式中：m_{hy}——水热炭质量（kg）；

HHV_{hy}——水热炭热值（MJ/kg）。

全流程的能量效益采用能量比（ER）来衡量，ER 根据公式（6-23）计算。

$$\mathrm{ER} = \frac{E_{\mathrm{out}} - E_{\mathrm{in}}}{E_{\mathrm{in}}} \times 100\% \tag{6-23}$$

6.3　共混水热碳化规律及产物特性

6.3.1　水热炭的化学成分和热值

表 6-2 给出了停留时间对 SS 和 CS 共混水热炭的化学成分和热值的影响。

表 6-2　SS、CS 和水热炭的化学成分和热值

样品	工业分析/（wt%，db）			元素分析/（wt%，db）					高位发热量/（MJ/kg，db）	燃料比
	Ash（灰分）	VM（挥发分）	FC（固定碳）	C	H	N	S	O		
220-1（1:1）	33.38	52.74	13.88	38.04	4.36	1.98	0.50	21.74	15.58	0.26
220-2（1:1）	34.25	52.18	13.57	39.07	4.27	2.05	0.57	19.78	16.01	0.26
220-4（1:1）	35.48	49.45	15.07	39.55	4.27	2.2	0.56	17.94	16.36	0.30
220-8（1:1）	37.91	47.20	14.89	40.22	4.15	2.4	0.60	14.72	16.75	0.32
SS	43.46	53.79	2.75	26.75	3.87	3.4	0.94	21.58	10.60	0.05
CS	3.30	77.41	19.29	43.02	5.79	1.37	0.16	46.36	16.80	0.25

反应温度和掺混比的影响在第 2.3.2 节已详细分析。停留时间越长，水热炭的 C 含量越高，停留时间为 8 h 时（SS:CS=1:1），水热炭的 C 含量增加至 40.22%。这是由于水相中溶解的有机成分进一步发生聚合反应形成二次炭，沉积在水热炭表面。停留时间增加，也使更多美拉德反应产物发生固液相反应和水相聚合，重新固定在水热炭中，导致随着停留时间的增加，水热炭中的 N 含量也增加。停留时间对水热炭 S 含量未表现出明显的影响规律。燃料比（FC/VM）可以对作为可替代煤炭的燃料进行等级排列[17]。从表中可知，停留时间增长，提升了水热炭的燃料比。

6.3.2 废弃物的物质平衡及固相保留率

废弃物原料经水热碳化后，形成固、液、气三相物质，其中固相即为水热炭，液相表示溶入水中的物质。废弃物在各水热工况下的物质平衡规律如图 6-3 所示。

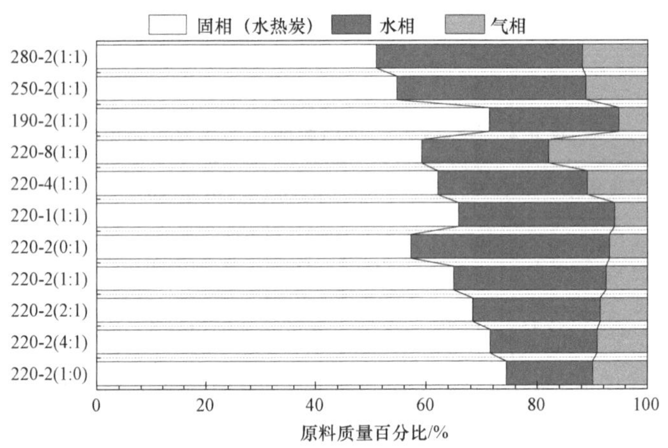

图 6-3 水热碳化条件对废弃物物质平衡特性的影响

原料中的物质主要进入固相（水热炭）和水相。随着 CS 掺混比例的增加，水热炭的质量产率降低，气相产物的质量占比也降低，而更多的物质迁移到了水相中。特别是当 SS:CS 为 1:1 时，迁移到水相的物质占比增加至 26.95%，水热炭产率降至 63.79%，气相产物的比例降至 9.26%。值得注意的是，在本研究的实验操作中不可避免地存在物质损失，主要体现在反应釜和盛放容器的壁面上的残留物，这部分被包含在气体产物中。至于水热炭产率的相互作用系数，当 SS:CS 从 4:1 变至 1:1 时，SS 和 CS 在碳保留率上的相互作用系数从 1.25%增加至 6.37%，说明在共混水热碳化过程中 SS 和 CS 具有互相促进作用，增加了碳保留率。HTC 温度升高，水热炭质量产率降低，水相和气相物质的比例相应增加[7]。HTC 时间增加也会引起水热炭产率降低，但发热量逐渐增加。这主要是由有

机大分子的不断脱羧、脱水和碳化引起的。

图 6-4 显示了 SS:CS 质量比对有机物保留率的影响。

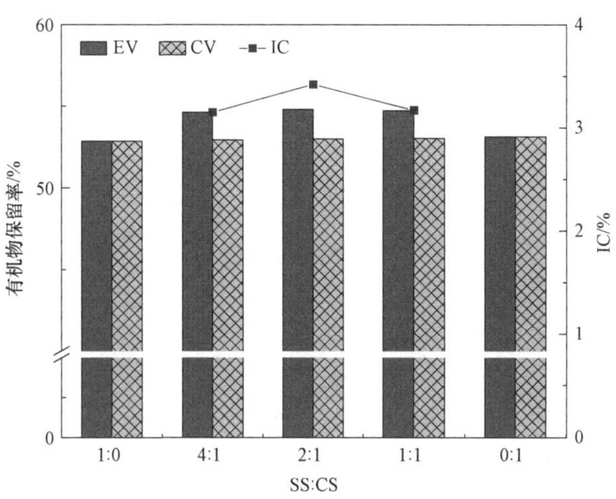

图 6-4　SS:CS 质量比对有机物保留率的影响

与 SS 水热碳化相比，将 SS 与 CS 共混水热碳化后，有机物保留率增加。两种废弃物共混水热碳化在有机物保留率方面的相互作用系数为正值，协同性较明显。SS:CS 从 4:1 变为 1:1 时，有机物保留率的相互作用系数从 3.15%增加至 3.42%。

6.4　FSPG-ORC 系统做功及㶲效率分析

图 6-5 显示了不同 HTC 工况下闪蒸温度 FSPG-ORC 系统中 $m_{w,fs}$、W_{net} 和 η_{exe} 的影响。丁烷是 ORC 系统中常用的有机工质，因此该系统选用丁烷作为工作介质。

由图 6-5（a）可知，无论 HTC 工艺条件如何变化，$m_{w,fs}$ 均会随着闪蒸温度的升高而降低。当在恒定闪蒸温度下，HTC 温度越高，$m_{w,fs}$ 越大。图 6-5（b）显示出 W_{net} 随着闪蒸温度的增加而增加的趋势。当闪蒸温度恒定时，高的 HTC 温度可获得高的 W_{net}。这一现象可解释如下：当 HTC 温度不变时，随着闪蒸温度的升高，作为 ORC 系统的热源，剩余料浆的温度和质量增加，导致有机工质的热能和质量流量增加，进而导致 W_{net2}

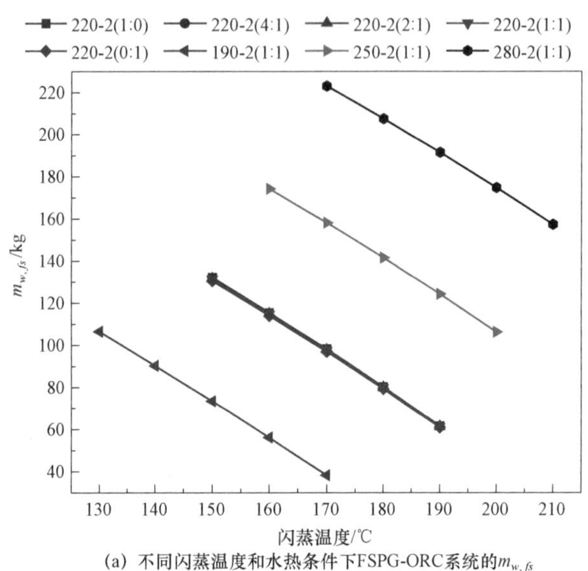

(a) 不同闪蒸温度和水热条件下FSPG-ORC系统的$m_{w,fs}$

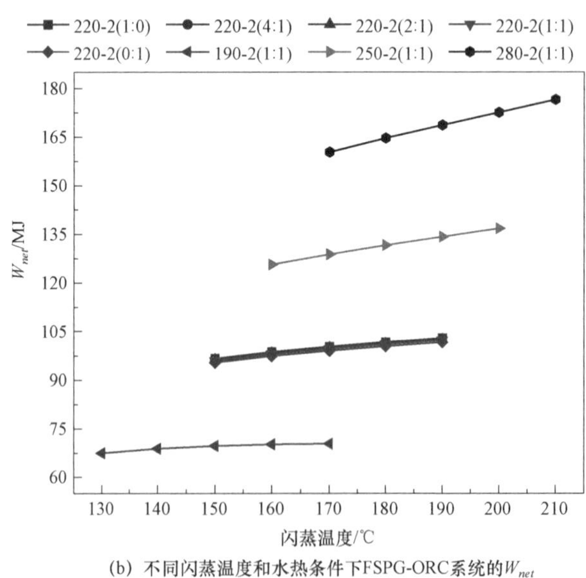

(b) 不同闪蒸温度和水热条件下FSPG-ORC系统的W_{net}

图 6-5　不同闪蒸温度和水热条件下 FSPG-ORC 系统的 $m_{w,fs}$、W_{net} 和 η_{exe}

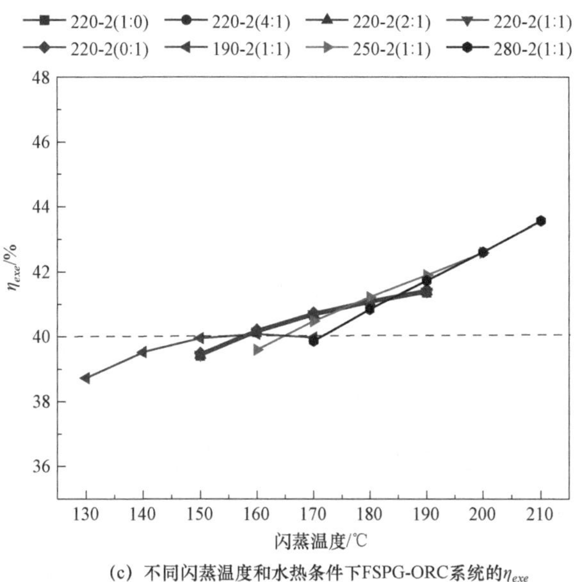

(c) 不同闪蒸温度和水热条件下FSPG-ORC系统的η_{exe}

图 6-5　不同闪蒸温度和水热条件下 FSPG-ORC 系统的 $m_{w,fs}$、W_{net} 和 η_{exe}（续）

增加。随着闪蒸温度的升高，闪蒸蒸汽的质量流量降低，而热源等级增加，因此 W_{net1} 略有降低。W_{net} 为 W_{net1} 和 W_{net2} 之和，因此最终表现为闪蒸温度升高，W_{net} 略有升高。这意味着提高 ORC 系统的贡献比提高 FSPG 系统的贡献更有利于 FSPG-ORC 系统净功率的产生。此外，提高 HTC 温度相当于提高作为 FSPG-ORC 系统热源的浆料产物的品位，会增加闪蒸蒸汽和有机工作蒸汽的质量流量和温度，从而增加 W_{net}。相比之下，SS:CS 对 FSPG-ORC 系统的做功能力几乎没有影响。这是因为仅改变给料中 SS 和 CS 的质量比例，几乎不会影响 HTC 浆料产物的热能品位，因此几乎不会对 FSPG-ORC 系统的做功产生影响。Leng 等人[21]和 Yang 等人[39]分别以 175 ℃的地热流体为热源产生 55.35 MJ 的输出功率，以 200 ℃的工业废水为热源产生 51.98 MJ 的输出功率，而 FSPG-ORC 系统的最大功率为 67.52～70.41 MJ（在 130～170 ℃的不同闪蒸温度和 190 ℃的 HTC 温度下）。这表明本研究提出的 FSPG-ORC 方法在回收工艺余热和做功能力方面是可行的。这可以解释为HTC浆料产物具有较高的温度和压力，其具有较高的热量存储，因此将高温的HTC浆料产物作为FSPG-ORC系统的热源时，闪蒸蒸汽和有机工质的质量流量和温度都有所提高，虽然固体负载影响FSPG-ORC发电系统的做功能力，但整体表现出优秀的做功能力。图6-5（c）表明HTC温度对FSPG-ORC系统的η_{exe}有积极影响，因为HTC温度高说明热源等级高，可以提高闪蒸蒸汽的温度，也可以提高ORC部分的有机工质的流量和温度，最终使FSPG-ORC系统㶲效率也增加。此外，SS:CS对FSPG-ORC系统㶲效率影响不明显，这主要是因为SS:CS对浆料产物的比热容以及携带的热量的影响很小，因此改变SS:CS对进入FSPG-ORC系统的热源品位的影响可忽略。类似地，Lang等人[39]利用有机闪蒸循环系统回收200 ℃废热水，㶲效率为40.0%；Leng等人[21]采用FSPG-ORC系统回收175 ℃的地热能，㶲效率为50.45%。图6-5（c）的结果表明，在适当的闪蒸温度下，本研究提出的FSPG-ORC系统可用于回收HTC浆料产物的余热，说明本书余热利用方案是可行的。

6.5 废弃物处理全流程的物质流和能量流分析

6.5.1 物质流分析

本研究中的废弃物处理工艺全流程包括HTC、FSPG-ORC余热利用、机械脱水和热力干化。图6-6显示了污泥和CS在220-2（1:1）工况下的物质流分布。下文的计算按照间歇式1 t浆料/批进行。

由图6-6可知，从浆料产物到最终的水热炭产物的流程中，除了HTC过程产出了少量的气体产物（约15.4 kg），质量变化主要是由于各步骤分离出的蒸汽/水，包括闪蒸蒸出的蒸汽（114.8 kg）、机械脱水脱除的滤液（598.5 kg）以及热力干化蒸发的水分（146.2 kg）。

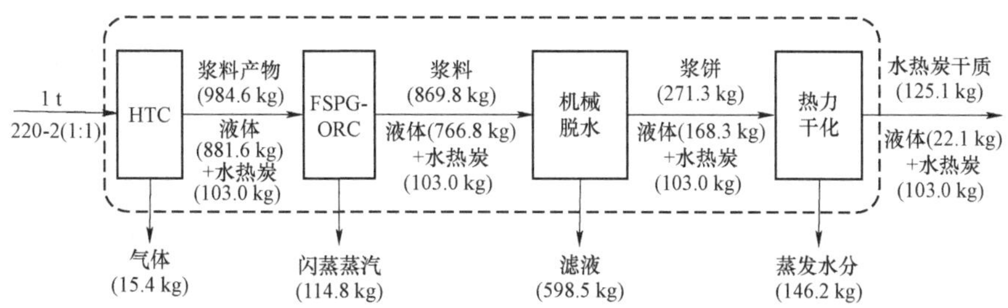

图 6-6　220-2（1:1）工况下的工艺全流程的物质流分布

图 6-7 给出了 HTC 温度对各项物质质量的影响。

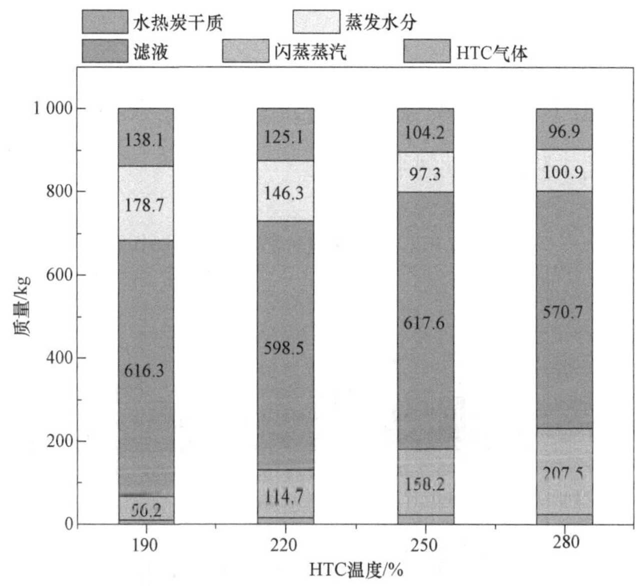

图 6-7　HTC 温度对物质流的影响

随着 HTC 温度从 190 ℃增加至 280 ℃，闪蒸蒸汽量从 56.2 kg 增加至 207.5 kg，这是因为 HTC 温度升高提升了 FSPG-ORC 系统的热源品质，从而可以闪蒸更多的蒸汽做功。相比之下，机械脱除的水分的质量差在 1.3 kg 到 45.6 kg 的范围内波动，没有明显的变化规律，这是因为 HTC 温度升高使污泥和秸秆的孔隙结构极大破解，同时使水热炭的亲水性降低，因此降低了水热炭的束水能力，这些物理化学结构的变化本应导致从水热炭机械脱除的水量增加，但由于闪蒸的影响，使得闪蒸后剩余浆体的水分含量降低，从而导致 HTC 温度升高时浆体的机械脱水量相差不大。此外，HTC 温度从 190 ℃增加至 280 ℃，热力干化脱水量从 178.7 kg 降至 100.9 kg，这是由于当 HTC 温度升高时，水热炭浆料经过闪蒸和机械脱水后，剩余浆体含水量明显降低，从而减少了所需热力干化的水分。此外，HTC 停留时间和 SS:CS 质量比对工艺全流程的物质流的影响较小，这里不做分析。

6.5.2 能量流分析

图 6-8 给出了不同工况条件的系统总能量输入和总能量输出情况。计算按照间歇式 1 t 浆料/批进行。

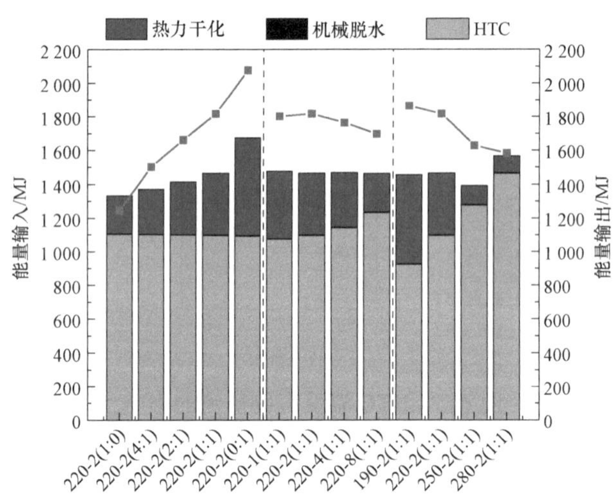

图 6-8　不同工艺条件的总能量输入和总能量输出情况

总能量输入主要由 HTC、机械脱水、热力干化等环节消耗的能量组成。HTC 温度从 190 ℃增加至 280 ℃时，总输入能量从 1 454.83 MJ 增加至 1 565.26 MJ。导致总能量输入增加的主要原因是 HTC 输入能量增加明显，从 922 MJ 增加至 1 463.07 MJ。机械脱水耗能很低，为 3.94～4.26 MJ，

这主要是因为废弃物原料的亲水性含氧基团在水热碳化过程中被显著脱除[97]，同时污泥絮团结构和秸秆细胞间隙被打破[98]。因此，相比于原料，水热炭的束水能力极大降低，脱水能耗也就大大降低。机械脱水对总能量输入影响较小，不是引起总能量输入增加的主要原因。然而，热力干化耗能从 528.58 MJ 降低为 98.25 MJ，这是由于在高 HTC 温度条件下，机械脱水后的水热炭的含水率较低，且高 HTC 温度促进了含氧基团的脱除[97]，水热炭亲水性下降。虽然 HTC 温度增加，热力干化耗能降低，但这不足以抵消 HTC 输入能量的增加。值得注意的是，根据 6.4 节的结果，SS:CS 虽然对 FSPG-ORC 余热利用性能的影响可忽略不计，但对热力干化能耗具有一定的影响。当 SS:CS 质量比从 4:1 变为 1:1 时，热力干化耗能从 228.14 MJ 增加至 579.08 MJ。这主要是因为原料中 CS 占比增加使得浆料产物脱水能力降低，即机械方式脱除的水分减少，所需热力烘干的水分增多。热力干化增加显著，这导致随着 CS 的增加，总能量输入增加。

从图 6-8 中可以看出，将 SS 进行单独水热碳化，即使进行余热利用，总输出能量（1 245.05 MJ）也低于总输入能量（1 333.88 MJ），即能量效益为负，这也证明了向污泥中加入 CS 的必要性。随着 CS 掺混比例的增加，整个工艺的净输出能（总输出能量减去总输入能量）增加。SS:CS 从 4:1 变为 1:1 时，净输出能从 130.51 MJ 增加至 353.04 MJ，略低于 CS 单独水热碳化的净输出能（402.66 MJ）。这是由于加入 CS 后，共混水热碳化在水热炭产率和发热量方面均表现出协同效应，进一步增加了水热炭所含能量的输出，而加入 CS 后输入能量没有明显增加，最终使得净输出能增加。通过计算 SS:CS=1:1 时全流程的能量比（24.11%），略高于 CS 单独水热碳化得到的能量比（24.05%），可见共混水热碳化可得到更高的能量效益。HTC 温度从 190 ℃增加至 280 ℃时，净输出能从 409.55 MJ 降低至 17.69 MJ。这是因为 HTC 反应温度升高使得 HTC 环节所需输入的能量增加，且水热炭产率及其所含总能量降低，虽然随着 HTC 温度的升高 FSPG-ORC 系统的做功增加，但总输出能依然主要受水热炭产能影响，最终导致净输出能降低。

为了更清晰地说明质量和能量的回收情况，图 6-9 显示了 HTC 工艺生产水热炭的物质流和能量流。

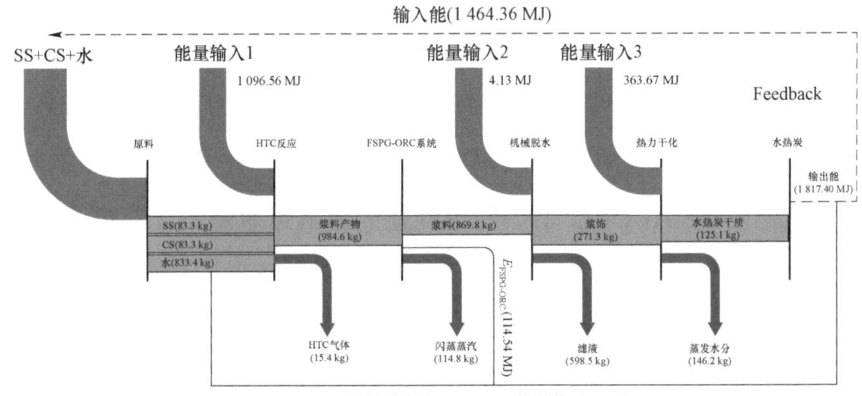

图 6-9　220 ℃-2 h 和 SS:CS＝1:1 的 Co-HTC 工艺生产水热炭的物质流和能量流图示

在 HTC 温度为 220 ℃、停留时间为 2 h、SS:CS＝1:1 这一典型工况下，SS 和 CS 共混水热碳化后获得的水热炭干质产率为 63.79%，全流程的能量比为 24.11%，总输入能量 1 464.36 MJ，总输出能量为 1 817.4 MJ，其中水热炭所含的能量为 1 702.07 MJ，FSPG-ORC 系统回收 HTC 浆料余热而产出的能量为 114.59 MJ。结果表明引入 FSPG-ORC 进行余热回收后，Co-HTC 工艺不仅技术可行，且能提高净能输出和能量效益。

6.6　本章小结

本章在不同的 SS:CS 质量比、HTC 反应温度、停留时间等 HTC 条件下，开展了 SS 与 CS 的共混水热碳化研究，获得了上述 HTC 条件对混料

水热炭燃料特性以及 SS 和 CS 之间协同效应的影响规律。为提高 Co-HTC 工艺的能量效益，本书提出在 HTC 工艺之后衔接 FSPG-ORC 系统，对 HTC 浆料产物的余热进行回收并用于发电。本章研究的具体结果如下。

（1）混料中 CS 掺混比的增加可使水热炭产率及 C 含量增加，并增强 SS 和 CS 之间的协同作用。

（2）HTC 温度升高增加了闪蒸蒸汽量，但降低了后续的机械和热力干化脱水量。

（3）当 HTC 温度为 220 ℃、SS:CS 质量比为 1:1、停留时间为 2 h 时，水热炭的质量产率为 63.79%，FSPG-ORC 余热利用系统的㶲效率为 40.17%，通过 FSPG-ORC 系统回收 HTC 浆料余热而产出的能量为 114.59 MJ，全流程的净输出能为 353.04 MJ，能量比为 24.11%。

可见，SS 与 CS 共混水热碳化耦联 FSPG-ORC 余热利用系统，既得到了具有与褐煤品质相近的水热炭，又提升了 HTC 工艺的能量效益，为污泥和秸秆的能量转化工业化利用提供了可行的参考。

参考文献

［1］Jamir C. Urbanization and solid waste generation in urban Longleng district of Nagaland: Present practices and future challenges[J]. International Journal of Business, Technology and Organizational Behavior, 2021, 10(5): 348-362.

［2］Shi Y, Wang Y, Yue Y, et al. Unbalanced status and multidimensional influences of municipal solid waste management in Africa[J]. Chemosphere, 2021, 281(4): 130884.

［3］Shah A V, Singh A, Sabyasachi M S, et al. Organic solid waste: Biorefinery approach as a sustainable strategy in circular bioeconomy[J]. Bioresource Technology, 2022, 349(2): 126835.

［4］Wang L, Zhang L, Li A. Hydrothermal treatment coupled with mechanical expression at increased temperature for excess sludge dewatering: Influence of operating conditions and the process energetics[J]. Water Research, 2014(65): 85-97.

［5］Wang L, Chang Y, Li A. Hydrothermal carbonization for energy-efficient processing of sewage sludge: A review[J]. Renewable and Sustainable Energy Reviews, 2019, 108(7): 423-440.

［6］Jing M, Chen M, Yang T, et al. Gasification performance of the hydrochar derived from co-hydrothermal carbonization of sewage sludge and sawdust[J]. Energy, 2019(173): 732-739.

［7］Zhai Y, Peng C, Xu B, et al. Hydrothermal carbonisation of sewage

sludge for char production with different waste biomass: Effects of reaction temperature and energy recycling[J]. Energy, 2017, 127(15): 167-174.

[8] Pauline A L, Joseph K. Hydrothermal carbonization of organic wastes to carbonaceous solid fuel: A review of mechanisms and process parameters[J]. Fuel, 2020, 279: 118472.

[9] Fakudze S, Wei Y, Shang Q, et al. Single-pot upgrading of run-of-mine coal and rice straw via Taguchi-optimized hydrothermal treatment: Fuel properties and synergistic effects[J]. Energy, 2021(7): 236.

[10] Xiang Z, Yue H, Wei S, et al. The effect of polystyrene on the carrier flotation of fine smithsonite[J]. Minerals, 2017, 7(4): 52.

[11] He C, Zhang Z, Ge C, et al. Synergistic effect of hydrothermal co-carbonization of sewage sludge with fruit and agricultural wastes on hydrochar fuel quality and combustion behavior[J]. Waste Management, 2019, 100: 171-181.

[12] Zheng C, Ma X, Yao Z, et al. The properties and combustion behaviors of hydrochars derived from co-hydrothermal carbonization of sewage sludge and food waste[J]. Bioresource Technology, 2019(285): 121347.

[13] Saba A, Saha P, Reza M T. Co-Hydrothermal carbonization of coal-biomass blend: Influence of temperature on solid fuel properties[J]. Fuel Processing Technology, 2017(167): 711-720.

[14] Paksung N, Pfersich J, Arauzo P J, et al. Structural effects of cellulose on hydrolysis and carbonization behavior during hydrothermal treatment[J]. ACS Omega, 2020(5): 12210-12223.

[15] Wang R, Jin Q, Ye X, et al. Effect of process wastewater recycling on the chemical evolution and formation mechanism of hydrochar from

herbaceous biomass during hydrothermal carbonization-ScienceDirect[J]. Journal of Cleaner Production, 2020, 277(7): 123281.

[16] Kim D, Lee K, Park K Y. Hydrothermal carbonization of anaerobically digested sludge for solid fuel production and energy recovery[J]. Fuel, 2014, 130(15): 120-125.

[17] He C, Giannis A, Wang J Y. Conversion of sewage sludge to clean solid fuel using hydrothermal carbonization: Hydrochar fuel characteristics and combustion behavior[J]. Applied Energy, 2013, 111(11): 257-266.

[18] Jin Z, Qi L, Xiao Z. The hydrochar characters of municipal sewage sludge under different hydrothermal temperatures and durations[J]. Journal of Integrative Agriculture, 2014(3): 12.

[19] Hu Q, Yang H, Yao D, et al. The densification of bio-char: Effect of pyrolysis temperature on the qualities of pellets[J]. Bioresource Technology, 2015(200): 521-527.

[20] Hu H, Wang L, Peng L, et al. Effective energy consumption forecasting using enhanced bagged echo state network[J]. Energy, 2020, 193(2): 116778.

[21] Leng L, Yang L, Leng S, et al. A review on nitrogen transformation in hydrochar during hydrothermal carbonization of biomass containing nitrogen[J]. Science of the Total Environment, 2021(765): 143679.

[22] Lu J J, Chen W H. Investigation on the ignition and burnout temperatures of bamboo and sugarcane bagasse by thermogravimetric analysis[J]. Applied Energy, 2015, 160 (15): 49-57.

[23] El-Sayed S A, Mostafa M E. Pyrolysis characteristics and kinetic parameters determination of biomass fuel powders by differential thermal gravimetric analysis(TGA/DTG)[J]. Energy Conversion &

Management, 2014, 85(9): 165-172.

[24] Miranda M T, Arranz J I, Román S, et al. Characterization of grape pomace and pyrenean oak pellets[J]. Fuel Processing Technology, 2011, 92(2): 278-283.

[25] Muthuraman M, Namioka T, Yoshikawa K. A comparison of co-combustion characteristics of coal with wood and hydrothermally treated municipal solid waste[J]. Bioresource Technology, 2010, 101(7): 2477-2482.

[26] Li C, Cai R, Hasan A, et al. Fertility assessment and nutrient conversion of hydrochars derived from co-hydrothermal carbonization between livestock manure and corn cob[J]. Journal of Environmental Chemical Engineering, 2023, 11(1): 109166.

[27] Lin L, Xu F, Ge X, et al. Improving the sustainability of organic waste management practices in the food-energy-water nexus: A comparative review of anaerobic digestion and composting[J]. Renewable and Sustainable Energy Reviews, 2018, 89(6): 151-167

[28] Lang Q, Zhang B, Liu Z, et al. Properties of hydrochars derived from swine manure by CaO assisted hydrothermal carbonization[J]. Journal of Environmental Management, 2019(233): 440-446.

[29] Liu Z, Mayer B K, Venkiteshwaran K, et al. The state of technologies and research for energy recovery from municipal wastewater sludge and biosolids-ScienceDirect[J]. Current Opinion in Environmental Science & Health, 2020(14): 31-36.

[30] Lu X, Ma X, Chen X. Co-hydrothermal carbonization of sewage sludge and lignocellulosic biomass: Fuel properties and heavy metal transformation behaviour of hydrochars[J]. Energy, 2021, 221(5):

119896.

[31] Wang Z, Huang J, Wang B, et al. Co-hydrothermal carbonization of sewage sludge and model compounds of food waste: Influence of mutual interaction on nitrogen transformation[J]. Sci Total Environ, 2022, 807(3): 150997.

[32] Wang R, Lin K, Peng P, et al. Energy yield optimization of co-hydrothermal carbonization of sewage sludge and pinewood sawdust coupled with anaerobic digestion of the wastewater byproduct[J]. Fuel, 326(19): 125025.

[33] Wilk M, Czerwińska K, Śliz M, et al. Hydrothermal carbonization of sewage sludge: Hydrochar properties and processing water treatment by distillation and wet oxidation[J]. Energy Reports, 2023, 9(12): 39-58.

[34] Wang X, Li C, Zhang B, et al. Migration and risk assessment of heavy metals in sewage sludge during hydrothermal treatment combined with pyrolysis[J]. Bioresour Technol, 2016(221): 560-567.

[35] Zhang G, Ma D, Peng C, et al. Process characteristics of hydrothermal treatment of antibiotic residue for solid biofuel[J]. Chemical Engineering Journal, 2014(252): 230-238.

[36] Ekpo U, Ross A B, Camargo-Valero M A, et al. Influence of pH on hydrothermal treatment of swine manure: Impact on extraction of nitrogen and phosphorus in process water[J]. Bioresour Technol, 2016(214): 637- 644.

[37] Qian L, Yan G, Qing Z, et al. Co-hydrothermal carbonization of lignocellulosic biomass and swine manure: Hydrochar properties and heavy metal transformation behavior[J]. Bioresource Technology, 2018

(266): 242-248.

[38] Mariuzza D, Lin J C, Volpe M, et al. Impact of Co-hydrothermal carbonization of animal and agricultural waste on hydrochars' soil amendment and solid fuel properties[J]. Biomass and Bioenergy, 157 (6194): 106329.

[39] Yang J, Nasirian N, Chen H, et al. Hydrothermal liquefaction of sawdust in seawater and comparison between sodium chloride and sodium carbonate[J]. Fuel: A Journal of Fuel Science, 2022, 1(15): 308.

[40] Harisankar S, Mohan R V, Choudhary V, et al. Effect of water quality on the yield and quality of the products from hydrothermal liquefaction and carbonization of rice straw[J]. Bioresource Technology, 2022(351): 127031.

[41] Jiang Z, Yi J, Li J, et al. Promoting effect of sodium chloride on the solubilization and depolymerization of cellulose from raw biomass materials in water[J]. Chemsuschem, 2015, 8(11): 1901-1907.

[42] Yang J, Chen H, Liu Q, et al. Is it feasible to replace freshwater by seawater in hydrothermal liquefaction of biomass for biocrude production?[J]. Fuel, 2020, 282(12): 118870.

[43] Wang Z, Shen D, Shen F, et al. Kinetics, equilibrium and thermodynamics studies on biosorption of Rhodamine B from aqueous solution by earthworm manure derived biochar[J]. International Biodeterioration & Biodegradation, 2017(120): 104-114.

[44] Joseph S, Molde S M, Heilmann J G, et al. Phosphorus reclamation through hydrothermal carbonization of animal manures[J]. Environmental Science & Technology, 2014, 48(17): 10323-10329.

［45］ Lu X, Flora J R, Berge N D. Influence of process water quality on hydrothermal carbonization of cellulose[J]. Bioresour Technol, 2014(154): 229-239.

［46］ Zhang X, Gao B, Zhao S, et al. Optimization of a “coal-like” pelletization technique based on the sustainable biomass fuel of hydrothermal carbonization of wheat straw[J]. Journal of Cleaner Production, 2020(242): 118426.

［47］ Ming J, Wu Y, Liang G, et al. Sodium salt effect on hydrothermal carbonization of biomass: A catalyst for carbon-based nanostructured materials for lithium-ion battery applications[J]. Green Chemistry, 2013, 15(10): 2722-2726.

［48］ Heilmann S M, Jader L R, Sadowsky M, et al. Hydrothermal carbonization of distiller’s grains[J]. Biomass & Bioenergy, 2011, 35(7): 2526-2533.

［49］ Ryu J, Suh Y W, Suh D J, et al. Hydrothermal preparation of carbon microspheres from mono-saccharides and phenolic compounds[J]. Carbon, 2010, 48(7): 1990-1998.

［50］ Xiao H, Zhai Y, Xie J, et al. Speciation and transformation of nitrogen for spirulina hydrothermal carbonization[J]. Bioresource Technology: Biomass, Bioenergy, Biowastes, Conversion Technologies, Biotransformations, Production Technologies, 2019(286): 121385.

［51］ Li Y, Meas A, Shan S, et al. Production and optimization of bamboo hydrochars for adsorption of Congo red and 2-naphthol[J]. Bioresource Technology, 2016(207): 379-386.

［52］ Gao L, Volpe M, Lucian M, et al. Does hydrothermal carbonization as a biomass pretreatment reduce fuel segregation of coal-biomass blends

during oxidation?[J]. Energy Conversion and Management, 2019, 181(2): 93-104.

[53] Liu Y, Ma S, Chen J. A novel pyro-hydrochar via sequential carbonization of biomass waste: Preparation, characterization and adsorption capacity[J]. Journal of Cleaner Production, 2018, 176(3): 187-195.

[54] Tu W, Liu Y, Xie Z, et al. A novel activation-hydrochar via hydrothermal carbonization and KOH activation of sewage sludge and coconut shell for biomass wastes: Preparation, characterization and adsorption properties[J]. Journal of Colloid and Interface Science, 2021(593): 390-407.

[55] Zhuang X, Zhan H, Song Y, et al. Insights into the evolution of chemical structures in lignocellulose and non-lignocellulose biowastes during hydrothermal carbonization(HTC)[J]. Fuel, 2019(236): 960-974.

[56] Yang X, Wang Q, Lai J, et al. Nitrogen-doped activated carbons via melamine-assisted NaOH/KOH/urea aqueous system for high performance supercapacitors[J]. Materials Chemistry and Physics, 2020(250): 123201.

[57] Chen W, Yan H, Che Y, et al. Transformation of nitrogen and evolution of N-containing species during algae pyrolysis[J]. Environmental Science & Technology, 2017(51): 6570-6579.

[58] Leng L, Yang L, Leng S, et al. A review on nitrogen transformation in hydrochar during hydrothermal carbonization of biomass containing nitrogen[J]. Science of the Total Environment, 2021(765): 143679.

[59] Zhuang X, Huang Y, Song Y, et al. Accepted manuscript the

transformation pathways of nitrogen in sewage sludge during hydrothermal treatment the transformation pathways of nitrogen in sewage sludge during hydrothermal treatment[J]. Bioresource Technology, 2017(245): 463-470.

[60] Wang T, Zhai Y, Zhu Y, et al. Influence of temperature on nitrogen fate during hydrothermal carbonization of food waste[J]. Bioresource Technology, 2017(247): 182.

[61] Wang R, Lin Z, Meng S, et al. Effect of lignocellulosic components on the hydrothermal carbonization reaction pathway and product properties of protein[J]. Energy, 2022, 259(8): 125063.

[62] Chen H, He Z, Zhang B, et al. Effects of the aqueous phase recycling on bio-oil yield in hydrothermal liquefaction of Spirulina Platensis, α-cellulose, and lignin[J]. Energy, 2019, 179(15): 1103-1113.

[63] Jia J, Chen H, Wang R, et al. Mass and energy equilibrium analysis on co-hydrothermal carbonization coupled with a combined flash-Organic Rankine Cycle system for low-energy upgrading organic wastes[J]. Energy Conversion and Management, 2021(229): 113750.

[64] Wang R, Wang C, Zhao Z, et al. Energy recovery from high-ash municipal sewage sludge by hydrothermal carbonization: Fuel characteristics of biosolid products[J]. Energy, 2019, 186(1): 115848.

[65] Sharma H B, Sarmah A K, Dubey B. Hydrothermal carbonization of renewable waste biomass for solid biofuel production: A discussion on process mechanism, the influence of process parameters, environmental performance and fuel properties of hydrochar[J]. Renewable and Sustainable Energy Reviews, 2020, 123(5): 109761.

[66] Kumar M, Oyedun A O, Kumar A. A review on the current status of

various hydrothermal technologies on biomass feedstock[J]. Renewable and Sustainable Energy Reviews, 2017(81): 1742-1770.

[67] Higgins L J R, Brown A P, Harrington J P, et al. Evidence for a core-shell structure of hydrothermal carbon[J]. Carbon, 2020(161): 423-431.

[68] Kang S, Li X, Fan J, et al. Characterization of hydrochars produced by hydrothermal carbonization of lignin, cellulose, D-xylose, and wood meal[J]. Industrial & Engineering Chemistry Research, 2012, 51(26): 9023-9031.

[69] Hu X, Wang S, Wu L, et al. Acid-treatment of C5 and C6 sugar monomers/oligomers: Insight into their interactions[J]. Fuel Processing Technology, 2014(126): 315-323.

[70] Xu Q, Zhang L, Sun K, et al. Cross-polymerisation between the model furans and carbohydrates in bio-oil with acid or alkaline catalysts[J]. Journal-Energy Institute, 2020, 93(4): 1678-1689.

[71] Shang Y, Li X, Li Z, et al. Mechanistic study on the radical scavenging activity of viniferins[J]. Journal of Molecular Structure, 2022(1260): 132830.

[72] Sheng K, Zhang S, Liu J, et al. Hydrothermal carbonization of cellulose and xylan into hydrochars and application on glucose isomerization[J]. Journal of Cleaner Production, 2019(237): 117831.

[73] Cheng Y T, Huber G W. Chemistry of furan conversion into aromatics and olefins over HZSM-5: A model biomass conversion reaction[J]. Acs Catalysis, 2011, 1(6): 611.

[74] Wang G, Zhang J, Lee J Y, et al. Hydrothermal carbonization of maize straw for hydrochar production and its injection for blast furnace[J].

Applied Energy, 2020(266): 114818.

[75] Zhang L, Wang Q, Wang B, et al. Hydrothermal carbonization of corncob residues for hydrochar production[J]. Energy & Fuels, 2014(29): 872-876.

[76] Zhang Z, Yang J, Qian J, et al. Biowaste hydrothermal carbonization for hydrochar valorization: Skeleton structure, conversion pathways and clean biofuel applications[J]. Bioresource Technology, 2021(324): 124686.

[77] Hu B, Lu Q, Jiang X, et al. Pyrolysis mechanism of glucose and mannose: The formation of 5-hydroxymethyl furfural and furfural[J]. Journal of Energy Chemistry, 2018, 27(2): 486-501.

[78] Bin H, Qiang L, Zhen-Xi Z, et al. Mechanism insight into the fast pyrolysis of xylose, xylobiose and xylan by combined theoretical and experimental approaches[J]. Combustion and Flame, 2019(206): 177-188.

[79] Patil S K R, Heltzel J, Lund C R F. Comparison of structural features of humins formed catalytically from glucose, fructose, and 5-hydroxymethyl furfural dehyde[J]. Energy & Fuels, 2012, 26(7-8): 5281-5293.

[80] Hu X, Westerhof R J M, Dong D, et al. Acid-catalyzed conversion of xylose in 20 solvents: Insight into interactions of the solvents with xylose, furfural, and the acid catalyst[J]. Acs Sustainable Chemistry, 2014, 2(11): 2562-2575.

[81] Sevilla M, Fuertes A B. Chemical and structural properties of carbonaceous products obtained by hydrothermal carbonization of saccharides[J]. Chemistry(Weinheim an der Bergstrasse, Germany),

2009, 15(16): 4195-4203.

[82] Fuertes M S B. The production of carbon materials by hydrothermal carbonization of cellulose[J]. Carbon, 2009(47): 2281.

[83] Baccile N, Laurent G, Babonneau F, et al. Structural characterization of hydrothermal carbon spheres by advanced solid-state MAS 13 C NMR investigations[J]. The Journal of Physical Chemistry C, 2009, 113(22): 9644-9654.

[84] Madsen R B, Biller P, Jensen M M, et al. Predicting the chemical composition of aqueous phase from hydrothermal liquefaction of model compounds and biomasses[J]. Energy & Fuels, 2016, 30(12): 10470- 10483.

[85] Nie S, Huang J, Hu J, et al. Effect of pH, temperature and heating time on the formation of furan in sugar-glycine model systems[J]. Food Science and Human Wellness, 2013(2): 87-92.

[86] Zhang X, Zhang L, Li A. Hydrothermal co-carbonization of sewage sludge and pinewood sawdust for nutrient-rich hydrochar production: Synergistic effects and products characterization[J]. Journal of Environmental Management, 2017, 201(1): 52-62.

[87] Zhuang X, Zhan H, Huang Y, et al. Denitrification and desulphurization of industrial biowastes via hydrothermal modification[J]. Bioresource Technology, 2018(254): 121-129.

[88] Jia J D, Wang R K, Chen H W, et al. Interaction mechanism between cellulose and hemicellulose during the hydrothermal carbonization of lignocellulosic biomass[J]. Energy Science & Engineering, 2022, 259(15): 125063.

[89] Zhao P, Shen Y, Ge S, et al. Energy recycling from sewage sludge by

producing solid biofuel with hydrothermal carbonization[J]. Energy Conversion & Management, 2014, 78(2): 815-821.

[90] Arellano O, Flores M, Guerra J, et al. Hydrothermal carbonization of corncob and characterization of the obtained hydrochar[J]. Chemical Engineering Transactions, 2016(50): 235-240.

[91] Yang Y, Li X, Zhang Y, et al. Insights into moisture content in coals of different ranks by low field nuclear resonance[J]. Energy Geoscience, 2020, 1(3-4): 93-99.

[92] Tahmasebi A, Zheng H, Yu J. The influences of moisture on particle ignition behavior of Chinese and Indonesian lignite coals in hot air flow[J]. Fuel Processing Technology, 2016(153): 149-155.

[93] Namioka T, Morohashi Y, Yamane R, et al. Hydrothermal treatment of dewatered sewage sludge cake for solid fuel production[J]. Journal of Environment & Engineering, 2009, 4(1): 68-77.

[94] Dupont C, Chiriac R, Gauthier G, et al. Heat capacity measurements of various biomass types and pyrolysis residues[J]. Fuel, 2014, 115(1): 644-651.

[95] Namioka T, Miyazaki M, Morohashi Y, et al. Modeling and analysis of batch-type thermal sludge pretreatment for optimal design[J]. Journal of Environment and Engineering, 2008, 3(1): 170-181.

[96] Lin Y. The research on the mechanism of high-grade fuel from municipal solid waste by hydrothermal carbonization and application studies of hydrochars [D]. Guangzhou: South China University of Technology, 2018.

[97] Peng C, Zhai Y, Zhu Y, et al. Production of char from sewage sludge

employing hydrothermal carbonization: Char properties, combustion behavior and thermal characteristics[J]. Fuel, 2016, 176(15): 110-118.

[98] Heidari M, Dutta A, Acharya B, et al. A review of the current knowledge and challenges of hydrothermal carbonization for biomass conversion[J]. Journal of the Energy Institute, 2019, 92(6): 1779: 1799.